# バイオフィルム制御に向けた構造と形成過程

―特徴・問題点・事例・有効利用から読み解くアプローチ―

## Biofilm Structure and Formation for Biocontrol and Countermeasure of Biofilm and its Growth

―Researches on Biofilm Features and Problems, Regulation of Biofilm Formation, and Biofilm Applications―

《普及版／Popular Edition》

監修 松村吉信

シーエムシー出版

# はじめに

　ヒトの生活環境は，地球環境と切り離したり遮断したりすることはできない。これは常に他の生物の脅威に晒されていることを意味する。このため，ヒトは長い歴史の間に村や町，巨大都市などの都市環境を構築し，他生物からの脅威に打ち勝つ術を求めながら生活環境の快適性を確保してきた。これらは人々の英知を結集した技術革新によってもたらされたものであるが，目に見えない生物，例えば病原菌やウィルス，合成化合物によるヒトや社会，生態系への悪影響についてはまだまだ克服できていないのが現状である。特に微生物においては，環境浄化や発酵産業で利用され，一部はヒト常在菌などとして健康に大きく寄与していることが示されている一方で，病原菌やウィルス，食中毒菌，微生物腐食などヒトや社会の脅威になるものも少なくない。特に近年，公衆衛生などにおける衛生管理の厳格化や近年の清潔志向・抗菌ブームにより様々な抗菌剤や抗菌製品の開発，抗菌処理技術の革新が進み，微生物制御が比較的簡単になったように感じられている。また治療薬にも利用可能な抗生物質や抗真菌剤，抗ウィルス剤の発見や改良により，微生物やウィルスの脅威は以前に比べて低下傾向である。しかしながら，2016年の日本における食中毒事故件数を見てみると1,139件，患者総数20,252名，死者14名，微生物が原因と特定された事故割合が約42％であり，統計を取り出してからもっとも多かった1998年の食中毒事故件数3,010件，患者総数46,179名，死者9名，微生物が原因と特定された事故割合が約90％と比べると事故数で約1/3，患者数で約1/2，微生物が原因となる事故割合も半数にまで現状しているものの，その減少傾向は近年鈍化傾向を示しており，現状では決してヒトが微生物の脅威を克服したと言えるものではなく，疫学的データからはこれまでの抗菌技術のみでは対応が困難な状況であることを示すものである（厚生労働省データ）。さらに，2016年度のUSAでは微生物の関与する金属腐食における経済損失が約1.1兆ドルと試算され（NACE International Instituteデータ），産業界における微生物被害も非常に大きなものとなっており，対応が求められている。一方，基礎的研究成果から，微生物には活発に増殖する栄養細胞だけではなく，増殖を一時的に停止した休眠細胞も様々存在し，それら（一部）が栄養細胞に比べて非常に高い環境ストレス耐性や抗菌処理耐性を示すことが報告されている。このような現状から新しい抗菌処理技術が求められているものの効果的なものは開発されていない。その一因は一般環境で微生物細胞が形成する集団構造（バイオフィルム）

の形態や生理活性が明確に解明されていないためである。

　そこで本書ではバイオフィルム研究の最前線でご活躍されている先生方に，第1章「バイオフィルム構造と形成機構」について，第2章「バイオフィルム形成が及ぼす問題点と制御・防止対策」について，ご執筆いただき，現在微生物汚染の大きな問題点であるバイオフィルム対策の一助となればと考えている。一方で，バイオフィルムには単一の微生物細胞とは異なるヒトにとって有益な機能を発揮する例も数多く報告されている。第3章「バイオフィルムの有効利用」として将来の微生物利用に向けたバイオフィルムの可能性についても議論いただいた。これらを通して微生物とヒト社会の良い距離間を保った共存が可能になればと願っている。


　　2017年11月

関西大学

松村吉信

# 普及版の刊行にあたって

　本書は 2017 年に『バイオフィルム制御に向けた構造と形成過程—特徴・問題点・事例・有効利用から読み解くアプローチ—』として刊行されました。普及版の刊行にあたり，内容は当時のままであり加筆・訂正などの手は加えておりませんので，ご了承ください。

　2024 年 9 月

シーエムシー出版　編集部

## 執筆者一覧（執筆順）

| | | |
|---|---|---|
| 松 村 吉 信 | 関西大学　化学生命工学部　生命・生物工学科　教授 | |
| 田 代 陽 介 | 静岡大学　学術院工学領域　化学バイオ工学系列　助教 | |
| 天 野 富美夫 | 大阪薬科大学　生体防御学研究室　教授 | |
| 米 澤 英 雄 | 杏林大学　医学部　感染症学　講師 | |
| 久保田 浩 美 | 花王㈱　スキンケア研究所　主席研究員 | |
| 池 田 　 宰 | 宇都宮大学　理事，副学長 | |
| 千 原 康太郎 | 早稲田大学　大学院先進理工学研究科　生命医科学専攻 | |
| 常 田 　 聡 | 早稲田大学　理工学術院　教授 | |
| 古 畑 勝 則 | 麻布大学　生命・環境科学部　微生物学研究室　教授 | |
| 本 田 和 美 | 越谷大袋クリニック　製造管理部門　責任者 | |
| 大 薗 英 一 | 日本医科大学　微生物学・免疫学　講師 | |
| 泉 福 英 信 | 国立感染症研究所　細菌第一部　室長 | |
| 福 﨑 智 司 | 三重大学　大学院生物資源学研究科　生物圏生命化学専攻<br>海洋微生物学研究分野　教授 | |
| 矢 野 剛 久 | 花王㈱　安全性科学研究所　第3研究室　研究員 | |
| 川 野 浩 明 | 東京工業大学　科学技術創成研究院　未来産業技術研究所 | |
| 末 永 祐 磨 | 東京工業大学　科学技術創成研究院　未来産業技術研究所 | |
| 馬 場 美 岬 | 東京工業大学　科学技術創成研究院　未来産業技術研究所 | |
| 細 田 順 平 | 東京工業大学　科学技術創成研究院　未来産業技術研究所 | |
| 沖 野 晃 俊 | 東京工業大学　科学技術創成研究院　未来産業技術研究所<br>准教授 | |
| 兼 松 秀 行 | 鈴鹿工業高等専門学校　材料工学科　校長補佐，教授；<br>㈱国立高等専門学校機構　研究推進・産学連携本部<br>本部員 | |
| 河原井 武 人 | 日本大学　生物資源科学部　食品生命学科　専任講師 | |
| 野 村 暢 彦 | 筑波大学　生命環境系　教授 | |

執筆者の所属表記は，2017年当時のものを使用しております。

# 目　　次

## 第1章　バイオフィルムの構造と形成機構

1　一般的なバイオフィルム構造とその形成過程，バイオフィルム評価
　……………………松村吉信……　1

1.1　はじめに …………………………　1

1.2　一般的なバイオフィルム構造 …　2

1.3　バイオフィルムが形成される環境 ……………………………………　4

1.4　バイオフィルムを構成する微生物細胞 ……………………………　6

1.5　バイオフィルムの環境ストレス耐性・抗菌剤耐性 …………………　7

1.6　バイオフィルム形成過程 ……　8

1.7　バイオフィルム対策 …………　10

1.8　バイオフィルム評価 …………　11

1.9　まとめ …………………………　11

2　緑膿菌が形成するバイオフィルムの構造と特徴 ………田代陽介……　13

2.1　はじめに ………………………　13

2.2　緑膿菌のバイオフィルム形成過程 ………………………………　13

2.3　バイオフィルムの構成成分 …　15

2.4　Quorum sensing よるバイオフィルム制御 …………………　19

2.5　c-di-GMP によるバイオフィルム制御 ………………………　20

2.6　環境ストレスに応答したバイオフィルム形成 …………………　21

2.7　おわりに ………………………　22

3　サルモネラが形成するバイオフィルムの構造 ………天野富美夫……　26

3.1　はじめに ………………………　26

3.2　サルモネラのバイオフィルム …　27

3.3　サルモネラのストレス応答とバイオフィルム形成 …………………　31

4　*Helicobacter pylori* が形成するバイオフィルムの構造 …米澤英雄…　36

4.1　はじめに ………………………　36

4.2　ピロリ菌の細菌学的特徴とその病原性 …………………………　37

4.3　ピロリ菌感染 …………………　37

4.4　ピロリ菌のバイオフィルム形成　……………………………………　38

4.5　ピロリ菌バイオフィルムの構造　……………………………………　39

4.6　最後に …………………………　42

5　乳酸菌バイオフィルムの構造と特徴 ……………………久保田浩美……　46

5.1　はじめに ………………………　46

5.2　乳酸菌汚染対策とバイオフィルム ………………………………　47

5.3　野菜上の微生物の存在状態 …　47

5.4　乳酸菌バイオフィルムの形成 …　48

5.5　乳酸菌バイオフィルムの構造 …　49

| | |
|---|---|
| 5.6 乳酸菌バイオフィルムのストレス耐性 ……………………… 50 | 6.5 Quorum Sensing 制御によるバイオフィルム形成抑制技術 … 64 |
| 5.7 タマネギから分離した乳酸菌のバイオフィルムにおけるストレス耐性 ………………… 55 | 6.6 おわりに ………………………… 65 |
| 5.8 終わりに ……………………… 56 | 7 バイオフィルム内のストレス環境と Persister 形成 |
| 6 バイオフィルム形成と Quorum Sensing 機構 ………… 池田　宰… 59 | ………… 千原康太郎, 常田　聡… 67 |
| 6.1 はじめに ……………………… 59 | 7.1 はじめに ……………………… 67 |
| 6.2 Quorum Sensing 機構 ………… 59 | 7.2 Persister 形成と栄養枯渇 …… 69 |
| 6.3 細菌によるバイオフィルム形成への Quorum Sensing 機構の関与 ………………………………… 62 | 7.3 Persister 形成とプロトン駆動力 ………………………………… 70 |
| | 7.4 Persister 形成と ATP 枯渇 … 72 |
| 6.4 Quorum Sensing 機構制御技術 … 62 | 7.5 Persister 形成とその他のストレス …………………………… 74 |
| | 7.6 おわりに ……………………… 76 |

## 第2章　バイオフィルム形成が及ぼす問題点と制御・防止対策

| | |
|---|---|
| 1 バイオフィルムの発生例と分離菌について …………… 古畑勝則… 79 | 2.4 問題点を解決するための打開策 …………………………………… 102 |
| 1.1 バイオフィルムの発生 ……… 79 | 3 口腔バイオフィルムの特殊性と制御法の現状 ………… 泉福英信… 108 |
| 1.2 バイオフィルムの微生物的解析 …………………………………… 80 | 3.1 はじめに ……………………… 108 |
| 1.3 バイオフィルムに関する新たな視点 …………………………… 85 | 3.2 口腔におけるバイオフィルム形成の特殊性 ………………… 108 |
| 1.4 バイオフィルムに関する今後の課題 …………………………… 87 | 3.3 口腔バイオフィルム形成の制御方法 …………………………… 115 |
| 2 血液透析の医療現場におけるバイオフィルム形成の問題点と解決への糸口 … 本田和美, 大薗英一… 93 | 3.4 おわりに ……………………… 118 |
| | 4 バイオフィルム制御と洗浄技術 |
| 2.1 はじめに ……………………… 93 | ………………………… 福﨑智司… 121 |
| 2.2 配管内バイオフィルムの証明 … 93 | 4.1 バイオフィルムの形成と洗浄による制御 …………………… 121 |
| 2.3 血液透析医療の現場の問題点 … 98 | 4.2 水を用いた清拭洗浄 ………… 122 |

4.3 アルカリ剤の洗浄効果 ……… 124

4.4 次亜塩素酸の洗浄効果 ……… 125

4.5 界面活性剤の併用効果 ……… 127

4.6 塩素系アルカリフォーム洗浄の効果 ……… 129

4.7 気体状HOClによる付着微生物の殺菌 ……… 129

5 生活環境におけるバイオフィルムの制御 ……… 矢野剛久… 133

5.1 生活環境におけるバイオフィルム ……… 133

5.2 生活環境におけるバイオフィルムの制御戦略上の特徴 ……… 134

5.3 制御技術構築に向けた戦略 … 136

5.4 浴室ピンク汚れ制御に関する研究例 ……… 139

5.5 おわりに ……… 142

6 プラズマによるバイオフィルム洗浄・殺菌 …… 川野浩明，末永祐磨，馬場美岬，細田順平，沖野晃俊… 145

6.1 プラズマと殺菌 ……… 145

6.2 大気圧プラズマの生成・利用方法 ……… 146

6.3 各ガス種のプラズマにより液中に導入される活性種 ……… 153

6.4 大気圧低温プラズマによる殺菌効果 ……… 154

6.5 おわりに ……… 159

7 無機物表面のバイオフィルムの評価と対策 ……… 兼松秀行… 162

7.1 はじめに ……… 162

7.2 無機物表面に形成されるバイオフィルムとその特徴 ……… 162

7.3 バイオフィルムが引き起こす工業的な問題 ……… 166

7.4 バイオフィルムの評価法 …… 172

7.5 バイオフィルムの対策の現状 … 180

7.6 終わりに ……… 185

# 第3章 バイオフィルムの有効利用

1 バイオフィルムを用いた有用物質生産 ……… 河原井武人… 191

1.1 はじめに ……… 191

1.2 発酵食品 ……… 191

1.3 バイオフィルムリアクター … 194

1.4 発電微生物 ……… 196

2 バイオフィルムの有効利用に向けたバイオフィルム解析とその展望 ……… 野村暢彦… 202

2.1 はじめに ……… 202

2.2 簡易的バイオフィルム定量のための解析手法 ……… 202

2.3 バイオフィルム構造の解析手法 ……… 204

2.4 複合微生物系バイオフィルムの解析技術 ……… 205

2.5 バイオフィルム研究技術の将来展望 ……… 208

# 第1章 バイオフィルムの構造と形成機構

## 1 一般的なバイオフィルム構造とその形成過程, バイオフィルム評価

松村吉信*

### 1.1 はじめに

　近年の科学技術やバイオテクノロジーの進歩によって生命科学分野の微視的環境が短時間に簡単に, 場合によっては生物の専門家でなくても分析でき, 結果を得ることができるようになった。例えば, 様々な蛍光色素の開発とガラス表面処理技術とカメラ技術, LED技術の進歩は光学顕微鏡の大きな技術革新につながり, これまで観察が困難であった細胞内構造や個々の細胞状況をリアルタイムかつ生の状況で観察できるようになった。質量分析計の進歩は細胞の構成成分である脂質やタンパク質, 代謝産物の定性分析や液体クロマトグラフィーやガスクロマトグラフィー技術の組み合わせによって分離と定量分析が可能となっている。これらの分析技術も動物細胞や植物細胞のような大きな細胞では1細胞分析が原理上可能な領域に達しており, 個々の細胞の違いを確認することも近い将来可能となるであろう。遺伝子情報分析にフォーカスすれば, 次世代シーケンサー技術の進歩によって短時間でゲノム塩基配列が解読可能となり, 遺伝子データーベースなどの生物情報のデーターベースが整備されるにつれて個々の遺伝子のアノテーションだけではなく, 遺伝子間の連携についても簡単に推測することができるようになっている。さらに, この技術は遺伝子発現制御に関する情報やエピゲノムミックな情報も部分的に得ることが可能であり, 統合的なゲノム構造と機能解析ツールとして利用できるものとなっている。このような強力なツールが比較的低コストで多くの研究者が利用できる環境が整っているにも関わらず, 一般環境における微生物細胞の挙動について, 把握できているとは言い難い。例えば, 微生物やウィルスが原因となる食中毒事故は2016年時点で報告されているものに限定しても全国でそれぞれ480件と356件, 死者も腸管出血性大腸菌感染によるもので10名となっている状況であり, 食中毒事故全体に対してバクテリアが原因となる事故割合は約40%, ウィルスが原因となる事故割合は約30%, この状況は直近5年間で減少傾向にあるものの近い将来に撲滅が期待できる状況ではない[1]。これは人為的ミスや過誤によるものも多く含まれていると

---

　＊　Yoshinobu Matsumura　関西大学　化学生命工学部　生命・生物工学科　教授

は予想されるものの，研究室での微生物細胞の研究成果が実際の環境で生育した微生物細胞には適応できず，生じた事故も含まれているものと推察される。このような実際の環境の中での微生物の挙動は近年微生物生態学として数多く報告されるようになっているものの殺菌や抗菌を意識した微生物制御分野の研究成果はまだまだ数少ない。本稿では実環境中でのバクテリア細胞集団と考えられているバイオフィルムの基本構造と基本的な形成過程について解説したい。それぞれ個別のバクテリアが形成するバイオフィルムの詳細については以後の項目を参照されたし。また，本稿ではバイオフィルムの定量方法や評価系についても簡単に解説する。

## 1.2　一般的なバイオフィルム構造

　バイオフィルムとは，バクテリアなどの様々な微生物細胞（場合によっては原生生物や小さな後生生物も含む）が集団を形成しながら生長する構造体である。一般には固形物表面で形成するものが多いが，場合によっては気液界面に形成する場合や液体中で顆粒状態（微生物グラニュールや活性汚泥フロック）となっている場合も観察されている。それぞれの形成機構は異なると思われるものの構成成分が大きく変わるものではないようだ。

　バクテリアを中心とした集合体がフィルム状の形態を示すことからバイオフィルムと呼ばれ，感染症や食中毒，食品変質，微生物劣化の原因となっていることから，バイオフィルムがヒト社会で大きな問題であると認識されるようになっているものの，原生生物などを含む集合体であるバイオフィルムは下水処理や有害物処理などヒト社会でも有効活用されており，バイオフィルム機能の解明が新しい微生物利用につながるものと期待されている。本稿では特にヒト社会で問題視されているバクテリアを中心とした微生物細胞が形成する集団構造体を主に述べていきたい。また，バイオフィルムを構成する微生物細胞をバイオフィルム細胞と呼ぶこととする。

　バイオフィルムの構造を大きく分けると微生物細胞（バイオフィルム細胞）と有機物，無機物の集合体である（図1）。バイオフィルム成分の機能面を強調して有機物が家の役割，バイオフィルム細胞がその住人のように例えられる場合もあるようだが，実際の構造を観察すると水が主要成分で，細胞やその他の化合物が付属物に感じられる。表1には一般的なバイオフィルム成分を示した[2]。これによると，ほとんどが水で構成され，バイオフィルム細胞が2〜5%，その他は高分子有機物である多糖類やタンパク質，核酸や脂質となっている。当然ながら，低分子の有機物や無機物も含まれているもののその量は限定的のようだ。バイオフィルム内がいかに空間の広がった，柔らかい構造であ

## 第1章　バイオフィルムの構造と形成機構

(a) バイオフィルムを上から観察

(b) バイオフィルムを横から観察

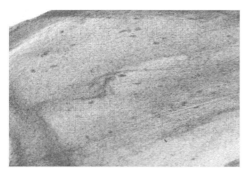
(c) バイオフィルムの顕微鏡観察

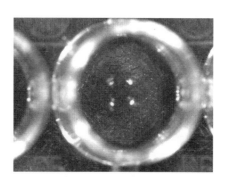
(d) バイオフィルムを染色せずに上から観察

**図1　研究室で形成した緑膿菌バイオフィルム**
ポリスチレン製の96穴マイクロタイタープレートで作製。培地にはTSB培地を用い、37℃で静置培養し、クリスタルバイオレット（CV）染色後の観察写真(a)〜(c)。(d)プレート上のバイオフィルムを培養液を除いてCV染色せずに観察。

**表1　一般的なバイオフィルムの成分[2]**

| 成分 | 構成割合 |
| --- | --- |
| バイオフィルム細胞 | 2〜5% |
| 多糖類 | 1〜2% |
| DNA・RNA | <1〜2% |
| タンパク質 | <1〜2% |
| 水 | Up to 97% |

るのかご理解いただけるであろう。

　高分子の有機物である多糖類やタンパク質、高分子核酸（DNAやRNA）、脂質の多くはバイオフィルム細胞が合成したものと考えらえている。これらは細胞外高分子基質［物質］（Extracellular Polymeric Substances, EPS）と呼ばれている。特に多糖類やタ

ンパク質は細胞同士や細胞と固形物との結合・接着に関わっており，バイオフィルム形成時に積極的に誘導合成されているようだ。また，一部の細胞外DNA（eDNA）もバイオフィルム構造維持に寄与しているようだ。バイオフィルムが抗菌剤や環境ストレスに耐性を示すことが知られているが，この耐性はバイオフィルム細胞が本来備えている能力に起因するだけではなく，バイオフィルムの構成成分が鎧の役割を果たし，抗菌剤や環境ストレスが直接バイオフィルム細胞を攻撃できないためでもある。一方，無機物や低分子を含む一部の有機物は環境中からも取り込んでいるであろう。これらはバイオフィルム細胞の生命維持の栄養になっているようだ。実際にバイオフィルムの内部構造は"open water channels"構造と呼ばれ，比較的自由に外部環境と水を介して物質交換が可能な状況である。この環境がバイオフィルム細胞の生存性を確保し，バイオフィルムの生長を内部から支えている。

## 1.3　バイオフィルムが形成される環境

　基本的にはバイオフィルムは，微生物細胞の増殖とともに生長する（大きくなる）ため，微生物細胞の生育環境で観察される。言い換えると，適度な栄養と十分な水分（湿度，水分活性0.7または湿度70%以上），微酸性（pH 5）から弱アルカリ環境（pH 9）で（真菌類ではpH 4以下でも生育可能，乳酸菌ではpH 4で生育するものもいる），適度な温度と酸化還元環境が整うと生育可能な状態となる。表2には微生物の生育環境をまとめた。この表から地球表面のほぼ全ての環境でバイオフィルムが形成可能であることがわかる。なお，地球には高温・低温，高塩濃度環境などの極限環境も存在するが，これらの環境でも生育可能な微生物が存在しているとバイオフィルムは形成されるであろう。一方で，よく見かけるバイオフィルムはその一部が固形物表面に吸着しているものが多いため，水などの流れのある環境や表面に凹凸のない環境などでは形成されにくいと思われがちではあるが，実際には，1 m/秒程度の流れでも，流れに沿ってバイオフィルムが形成されることが報告されていることから[3]，特にバイオフィルムが形成されにくい自然環境は見当たらないかもしれない。一方，研磨された表面などはバイオフィルムが形成されにくいようだ。実際に研究室などで表面研磨するとバイオフィルム形成が抑制されるが[4]，環境中ではそのような特殊な表面も見当たらないだろう。なお，このような研究室環境では細胞が最初に接着する足場となる環境が提供されていないことに起因している。他にもバイオフィルム形成に影響を及ぼす固形物表面の特徴を表3にまとめた。これによると細胞と固形物表面が強固に結合しやすい場合にバイオフィルム形成が促進され，細胞と表面が接触あるいは結合しにくい環境ではバイオフィルム形

## 第1章　バイオフィルムの構造と形成機構

### 表2　微生物の生育環境

栄養（細胞成分またはその材料，分解過程で得られる化学エネルギーも活用）
・生物由来の有機物または無機塩
・水に可溶な物質を好む
・高濃度になると利用できない場合がある（増殖阻害）

水
・水分活性として，カビで 0.8 以上，酵母・バクテリアで 0.9 以上
・乾燥状態を好むカビや酵母も存在（水分活性 0.65 以上）

温度
・生育可能温度域は 0 〜40℃
・増殖最適温度域は，カビ 25〜28℃，酵母で 27〜30℃，バクテリアで 30〜37℃
・0℃以下や 80℃以上で生育するバクテリアも存在する

pH
・増殖可能 pH 域は，カビ・酵母で 2 〜8.5，バクテリアで 5 〜 9
・増殖最適 pH 域は，カビ・酵母で 4 〜 6，バクテリアで 6 〜 8
・酸性・アルカリ性環境を好むバクテリアも存在する

酸化還元電位（酸素）
・カビは酸素が必須
・酵母は酸素非存在下でも生育するものがいる
・バクテリアは種によって生育条件が異なる

### 表3　バイオフィルム形成に及ぼす表面特性

| 表面特性 | バイオフィルム細胞への影響 |
|---|---|
| 1．疎水性／親水性［水の接触角，表面自由エネルギー，表面張力］ | 細胞の付着に適した親水性／疎水性表面がある。極端に高い親水性や疎水性表面ではバイオフィルムは形成しにくい。高い親水性表面では細胞との結合面に水の層が形成され，細胞と固形物が直接結合しにくくなる。疎水性表面では固形物の自己洗浄効果で細胞との結合が弱い。 |
| 2．表面電荷［ゼータ電位］ | 負帯電した表面（低いゼータ電位表面）では細胞は付着しにくい。ただし，抗菌性のポリカチオン性表面も細胞付着が抑制される。 |
| 3．表面粗さ［roughness］ | 滑らかな表面は細胞との接触面が少なく（結合力が弱く）バイオフィルム形成しにくく，荒い（凹凸のある）表面は接触面が広くバイオフィルム形成しやすい。 |
| 4．表面構造［topology］ | $\mu$m 以下（ナノスケール）の表面粗さになると細胞と表面の接触面が制限され，結合力が弱まり，細胞の初期付着は抑制される（サメ肌構造）。針状の構造の場合，細胞表面が物理的に傷つけられ，バイオフィルム形成が抑制される。 |
| 5．表面硬さ［stiffness］ | 硬い表面より柔らかい表面でバイオフィルム形成が促進。柔らかい表面でのバイオフィルムは抗菌剤耐性が高い。 |
| 6．化学組成［chemistry］ | 抗菌剤や抗バイオフィルム剤を吸着させた表面では細胞付着やバイオフィルム形成が抑制。 |

成が抑制されるようだ。

　ヒトの生活環境に目を移すと，比較的衛生状態が清潔に保たれている住環境，例えばキッチンやサニタリースペース，窓やサッシなどでバイオフィルムが容易に観察される[5]。このような環境では，常に微生物細胞が供給されるものの，洗浄剤や抗菌（殺菌）剤が比較的頻繁に使用されているため，微生物の増殖は限定的であると考えられてきたが，実際には比較的早くバイオフィルムが形成されるようだ。これは形成したバイオフィルムに洗浄剤や抗菌剤が効果的でないことを示すだけではなく，形成過程の浮遊細胞やマイクロコロニー細胞にもこれら薬剤が効果的でないのかもしれない。実際に休眠型細胞である persister cell （我々の研究室では「永生細胞」と呼んでいる）の存在が多くのバクテリアで知られるようになり，バイオフィルムの耐性にも寄与している[6]。今後の微生物制御には persister cell（永生細胞）対策が重要となることであろう。一方で，家庭環境中では重篤な症状を引き起こす病原菌を含むバイオフィルムは観察されにくく，大きな問題には発展していないようであるが，乳幼児や介護・介添えが必要なご家族をお持ちの家庭では効果的なバイオフィルム対策が必要であろう。

## 1.4　バイオフィルムを構成する微生物細胞

　環境中のバイオフィルムは複合微生物系で構成される。これはバイオフィルムが多様な機能を有していることを示すものであるが，それぞれのバイオフィルム細胞の生理状態を観察すると均一な生理状態であるとは言えないようだ。これはバイオフィルム内が外部環境と容易に物質交換可能な open water channels 構造ではあるものの，局所環境を考えると栄養が豊富でバイオフィルム細胞が増殖しやすい環境から，栄養が制限され，代謝産物が蓄積しやすい増殖に適さない環境まで含む非常に複雑な状態と考えられる。このようなことから，活発に増殖を繰り返す栄養細胞は外部環境に接する表面に存在し，内部には休眠細胞や一部は死細胞も含まれるようだ[3]。休眠細胞には，単に増殖を停止した定常期細胞だけではなく，芽胞・胞子や persister cell（永生細胞）が内包されている。また，固形物表面には接着細胞（接着活性の強い細胞）が存在し，細胞間の接着にもこれら接着細胞が関わっているだろう。さらに，バイオフィルム崩壊時期にはプロテアーゼやバイオサーファクタントを誘導合成する細胞も現れることから，複雑な細胞の生理活性変化は単純な環境シグナルによる細胞の適応応答，例えば cyclic-di-GMP などの遺伝子発現を調節するセカンドメッセンジャーを介した変化だけではなく[7]，細胞間のコミュニケーションも重要となる。近年，バクテリアにも細胞間のコミュニケーション（ホルモン様）ツールであるクオラムセンシングシステムの存在

第1章　バイオフィルムの構造と形成機構

が明らかとなり，細胞間の協働でバイオフィルムの生長と維持が保たれているようだ[8]。これらの詳細については後述の項目を参照されたし。

## 1.5　バイオフィルムの環境ストレス耐性・抗菌剤耐性

　バイオフィルムの環境ストレス耐性や抗菌剤耐性，抵抗性を正確に評価することは難しいが，一説にはバイオフィルム細胞の抗生物質耐性は浮遊細胞の 10～1,000 倍であると報告されている[9]。実際に研究室で形成させたバイオフィルムを十分な濃度で抗菌剤処理しても内部の細胞が生存しているのが蛍光染色法で観察される。この様な生残するバイオフィルム細胞の存在は感染症や食中毒，食品の変質の原因となるため，バイオフィルムの微生物制御法の確立が求められているが，現在では経験に頼るところが大きい，そこで，「なぜ，バイオフィルム細胞のストレス耐性・抵抗性が高いのか？」を解明する必要が生じる。これまでの研究で，バイオフィルムの様々な因子がバイオフィルム細胞の高い耐性に寄与しているようだ。

　まず，抗菌剤耐性については抗菌剤のバイオフィルム内の浸透性が低い。例えば，肺炎桿菌や緑膿菌のバイオフィルムでは抗菌剤として用いた塩素溶液の 20% 以下しかバイオフィルム内に浸透していないことが示され[10]，バイオフィルムを構築する EPS である細胞外多糖や糖タンパク質，場合によっては死細胞が最初のバリアとして働いていると考えらえている。一方で *Staphylococcus epidermidis* のバイオフィルムではバンコマイシンやリファンピシンの透過性が大きくは減少していないことやバイオフィルム細胞が生存していることが報告され[11]，EPS によるバリアのみでバイオフィルムの高い耐性・抵抗性を説明することはできないことも知られている。

　バイオフィルム細胞の遅い増殖やストレス応答が高いストレス耐性・抵抗性に寄与していることも報告されている。バイオフィルム内の環境は微視的に観察すると，栄養の枯渇領域や酸素欠乏領域が存在するなど多様性に富んでいる。そのため，それぞれの環境に適応した細胞で構成され，一般ストレス応答（general stress response）や活性酸素ストレスなどが生じやすい環境となっている。また，EPS が金属イオンなど細胞にとって有害となる化合物も吸着でき，このような状況が金属イオンストレスなどを生じさせるであろう。つまり，個々のバイオフィルム細胞の様々なストレス応答（バイオフィルム細胞の多様性）がバイオフィルム全体で見ると様々なストレス耐性を示すことになるのであろう[9]。一方ストレス環境では細胞自身の増殖が低下することも知られ，低い増殖速度も抗菌剤ストレス耐性を高める結果につながることも報告されている[12]。さらにストレス環境が進むと細胞の休眠化が観察されるようになり，前述した

7

persister cell（永生細胞）や芽胞・胞子が形成されるとストレス応答よりも高い耐性・抵抗性を示す。

EPS にも特徴的な働きが報告されている。その特徴を表4にまとめた。ここでは一般的な抗菌剤や抗生物質耐性だけではなく，ヒトの免疫などに対する耐性にも関与することからバイオフィルム問題点の深さも理解できるであろう[13]。

## 1.6 バイオフィルム形成過程

バイオフィルム形成過程を図2に示した。すでに多くの総説[14,15]で述べられているように，固形物表面で形成されるバイオフィルムは，まず，固形物表面にコンディショニングフィルムが形成される。このフィルムは特に定まった化合物を示すものではなく，その環境に存在する化合物が結合して運動・浮遊している微生物細胞に接着しやすい環境を提供するものである。言い換えると，表2で示したバイオフィルムが形成されにくい表面をよりされやすい（細胞が不可逆的接着しやすい）表面への改変が行われる過程である。また，結合する化合物には周りに浮遊している微生物細胞の代謝物や成分も提供されているだろう。その後，運動している浮遊細胞は固形物表面に近づき，可逆的接着を繰り返す。その過程で，細胞は浮遊とは異なる固形物表面の横滑り運動（swarming）も繰り返しながら，一部細胞が不可逆的接着へ移行するとバイオフィルムの前段階であるマイクロコロニー形成となる。なお，この swarming はマイクロコニーやバイオフィルムの表面上の広がりにつながるものであろう。また，不可逆的接着には細胞表面に露出したタンパク質や鞭毛・線毛タンパク質，アドヘリンなどが関与していると予想されている。一方，不可逆的に接着した微生物細胞が運動を停止すると，本格

表4　ストレス耐性に影響を及ぼすバイオフィルム構成成分

| EPS（細胞外高分子基質） | 主な働き |
| --- | --- |
| Psl 多糖 | 抗生物質耐性，好中球やマクロファージの貪食作用からの回避，ポリソルベート80耐性，細胞の初期付着 |
| Pel 多糖 | アミノグリコシド系抗生物質耐性，細胞凝集 |
| アルギン酸塩 | IFNγ産生白血球に対する食作用からの回避，フリーラジカル消去，抗生物質耐性，水や栄養の維持，宿主細胞の免疫応答回避，細胞凝集 |
| eDNA（細胞外 DNA） | 抗菌性ペプチドやアミノグリコシド系抗生物質耐性，栄養源 |
| タンパク質（adhesin など） | 細胞凝集，BF 構造維持 |

第1章 バイオフィルムの構造と形成機構

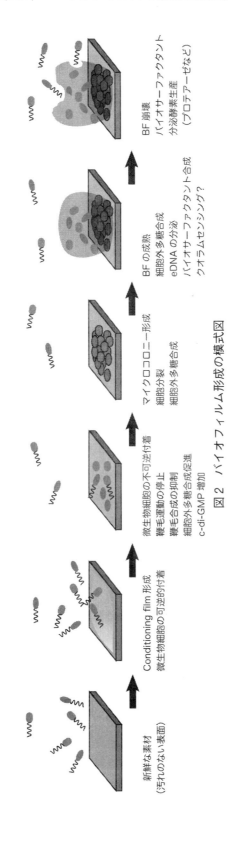

図2 バイオフィルム形成の模式図

的なマイクロコロニー形成に移行する。この過程では主に多糖類の合成と細胞増殖を繰り返す。このマイクロコロニー形成への移行にはセカンドメッセンジャーである cyclic di-GMP がシグナルとなっている。この平面的な細胞の重なりであるマイクロコニーから本格的な3次元構造体であるキノコ状のバイオフィルム形成に移行するには細胞外 eDNA の存在が重要となるようだ。実際にキノコ構造の根元付近に eDNA が集中している観察結果が得られている。この eDNA の形成やバイオフィルム内の物質移動の潤滑剤となっているバイオサーファクタントの誘導合成，バイオフィルムの崩壊にも関わる分泌型プロテアーゼ生産などはクオラムセンシングシステムが働いているようだ。このシステムは同時に病原因子の誘導合成にも働くことからバイオフィルム形成が感染症発症にも大きく関わっており，バイオファイルム抑制が感染症対策にも重要となっている。なお，個々の微生物のバイオフィルム形成機構の詳細については後の項目を参照されたし。

## 1.7 バイオフィルム対策

バイオフィルム対策は大きく分けて二つ挙げられる。一つは「BF 形成環境制御」によるバイオフィルム形成抑制と，もう一つは「BF 洗浄・殺菌」処理である。現状ではどちらも満足できる方法は開発されていない。そこで大切となるのは，「バイオフィルムの早期発見」と「早期対応」となる。発見では日頃の微生物検査が重要となるであろう。なお，現状でよく用いられる培養法は手間と時間を要することから短時間で結果が得られる方法の開発も重要となる。また，「早期対応」では「物理的な剥ぎ取り」と「化学的な殺菌・洗浄」が適当であると考えられるが，場合によっては複数の方法で対応することも重要であろう。特に界面活性剤[16]やタンパク質分解酵素[17]，多糖分解酵素[18]，DNA 分解酵素[19]，漂白剤[20]はバイオフィルム洗浄に有効であると思われるものの決定的な有効打にはなっていないようだ[21]。我々の研究室ではステンレス表面に形成したバイオフィルムを抗菌性ポリカチオン性タンパク質プロタミンのステンレス表面コーティング法で抑制できるのかを検証したが，一定の効果は示せたものの限定的であり，持続性にも問題がある[18]。まだまだ，バイオフィルムを制御できる段階ではなく，様々なアイデアの融合が必要だ。例えば，バイオフィルム形成が問題視されている口腔内を観察してみると，ターンオーバーが活発な上皮細胞上ではバクテリアの接着が少なく，ターンオーバーが少ない，あるいはない歯や義歯，インプラントではバイオフィルムが形成しやすいと報告されている[22]。これは，こまめな洗浄や表面再生がバイオフィルム生長を抑制できることを示すものであり，バイオフィルム制御のヒントとなるだろう。

第1章　バイオフィルムの構造と形成機構

## 1.8　バイオフィルム評価

　最後に，バイオフィルム研究を行うにあたって非常に悩ましい点がバイオフィルムの定量法である。多くの研究者が使用している定量法はクリスタルバイオレット染色法であろう。この方法はクリスタルバイオレットが多糖や細胞表層に吸着しやすい性質と，酢酸やエタノールなどで容易にバイオフィルムから溶出される性質を持ち合わせている点を利用したものである。この方法ではバイオフィルム形成にポリスチレン製のマイクロタイタープレートがよく利用されている。使用する微生物によって形成するバイオフィルムの強度に違いがあるため，浮遊細胞の洗浄方法やクリスタルバイオレット染色後の染色液の除去・抽出条件には注意が必要である。我々の研究室では強度の高いバイオフィルムを定量したいため，マイクロタイタープレートからの溶液や浮遊細胞の除去，バイオフィルムの洗浄にはプレートをひっくり返し，強く叩いて行っている。また，半定量法としてガラスや金属表面に吸着するバイオフィルムを蛍光標識試薬で染色して落射蛍光顕微鏡や共焦点レーザー顕微鏡で観察する方法も用いられている。蛍光標識試薬には，SYTO 9 や PI（Propidium iodide），CFDA（5 [6] -Carboxyfluorescein diacetate），CTC（5-cyano-2, 3-ditolyl tetrazolium chloride），DAPI（4′, 6-Diamidino-2-phenylindole），Acridine orange などが利用されている。特に SYTO 9 は全ての細胞が染色されるのでとり扱いやすく，PI は死細胞が優先して染色されるため，この二種類を利用すると生死判定も可能となる。また，CFDA や CTC は細胞内の酵素で変換されると蛍光を示すため，生きた細胞の判定に用いられる場合が多い。さらに，共焦点レーザー顕微鏡との併用でバイオフィルムを 3 次元的に観察できる点は非常に有効である。流れの中でのバイオフィルム形成をリアルタイムで観察する装置も開発されている。フローセルを用いた装置は培養液を流入しながら顕微鏡観察できるのが特徴である。現状では容易には入手できないが，今後バイオフィルム研究者が増えれば，入手可能となるであろう。詳細については八幡らの総説を参照されたし[23]。

## 1.9　まとめ

　バイオフィルム研究は 1940 年に Heukelekian と Heller らによる顕微鏡観察[24]から始まったと言われている。すでに 80 年足らずの時が過ぎているが，今だにバイオフィルムの生態について解明されたとは言えない。当然のことながらバイオフィルム制御も道半ばであり，バイオフィルムに起因する感染症や院内感染，食品劣化，集団食中毒事故なども後を絶たない。この現状の打開は，つまり，微生物制御技術のさらなる進歩は急務であるものの，多くの微生物研究者が殺菌はすでに確立された技術であり，現在の熱

処理技術や抗菌剤技術は（現実的な対応という一面においては）十分な技術であると信じている。今後多くの若い研究者が微生物制御技術の発展に関わっていただきたいと願っている。

## 文　　　献

1) 薬事・食品衛生審議会食品衛生分科会食中毒部会配付資料，平成 29 年 3 月 16 日，http://www.mhlw.go.jp/stf/shingi2/0000155510.html

2) M. Jamal *et al., Res. & Rev. J. Microbiol. Biotechnol.*, **4**(3), 1 (2015)

3) L. Hall-Stoodley *et al., Nat. Rev. Microbiol.*, **2**, 95 (2004)

4) I. Yoda *et al., BMC Microbiol.*, **14**, 234 (2014)

5) T. Yano *et al., Microb. Environ.*, **28**, 87 (2013)

6) K. Lewis, *Annu. Rev. Microbiol.*, **64**, 357 (2010)

7) D.-G. HA & G. A. O'Toole, *Microbiol. Spec.*, **3**, 1 (2014)

8) C. Solano *et al., Curr. Opin, Microbiol.*, **18**, 96 (2014)

9) T.-F. C. Mah & G. A. O'Toole, *Trends Microbiol.*, **9**, 34 (2001)

10) D. D. Beer *et al., Appl. Environ. Microbiol.*, **60**, 4339 (1994)

11) W. M. Dunne, Jr. *et al., Antimicrob. Agents Chemother.*, **37**, 2522 (1993)

12) D. J. Evans *et al., J. Antimicrob. Chemother.*, **27**, 177 (1991)

13) E. Karatan *et al., Microbiol. Mol. Biol Rev.*, **73**, 310 (2009)

14) Q. Wei & L. Z. Ma, *Int. J. Mol. Sci.*, **14**, 20983 (2013)

15) G. Girard *et al., Future Microbiol.*, **3**, 97 (2008)

16) H. Gibson *et al., J. Appl. Microbiol.*, **87**, 41 (1999)

17) C. Leroy *et al., J. Appl. MIcrobiol.*, **105**, 791 (2008)

18) B. Craigen *et al., Open Microbiol. J.*, **5**, 21 (2011)

19) R. Nijland *et al., PLoS ONE*, **5**, e15668 (2010)

20) S. Shakeri *et al., Biofouling*, **23**, 79 (2007)

21) Y. Matsumura *et al., Biocontrol Sci.*, **12**, 21 (2007)

22) P. D. Marsh *et al., Periodontology*, **55**, 16 (2011)

23) 八幡穰ら，環境バイオテクノロジー学会誌，**10**，19 (2010)

24) H. Heukelekian & A. Heller, *J. Bacteriol.*, **40**, 547 (1940)

## 2　緑膿菌が形成するバイオフィルムの構造と特徴

田代陽介*

### 2.1　はじめに

　*Pseudomonas* 属細菌は水環境ならびに土壌環境に広く生息する環境常在菌であるが，動物ならびに植物に感染することも知られている[1]。その中でも緑膿菌 *Pseudomonas aeruginosa* はヒトに感染することから，日和見感染菌として古くから着目されてきた。緑膿菌は嚢胞性線維症患者における死亡の主要原因となっている他，菌血症性肺炎，心内膜炎，髄膜炎，火傷感染，および敗血症を引き起こす[2]。また，環境適応能力が高く，様々な種類の抗生物質に対して耐性を有している。緑膿菌は米国において最も主要な院内感染菌であり人工呼吸器を伴う肺炎の二番目に主要な原因菌である[3]。一方，緑膿菌は強固なバイオフィルムを形成する性質を有しており，宿主細胞へのバイオフィルム形成が感染の一因ともなっている。浮遊細胞からバイオフィルム状態に移行することで，遺伝子発現パターンの変化や，自然変異，遺伝子水平伝播などが引き起こされ抗生物質耐性が向上する[4]。このような背景から，緑膿菌はバイオフィルム研究におけるモデル微生物として用いられてきた。本稿では，緑膿菌バイオフィルムの形成過程ならびに構成因子，制御機構について紹介する。

### 2.2　緑膿菌のバイオフィルム形成過程

　固液界面におけるバイオフィルム形成は図1に示されるように幾つかの段階に分類される。まず液体中に分散している浮遊細菌が固体表面に付着し，付着した細菌が細胞外マトリクスを分泌しながら増殖し，マイクロコロニーを形成する。やがてマイクロコロニーが成熟し，立体的なバイオフィルムを形成する。一方，バイオフィルムが成熟すると一部の細菌はバイオフィルムから脱離し，浮遊状態に移行する。

#### 2.2.1　付着

　バイオフィルム形成は浮遊状態の細菌が固体表面に付着することから始まる。緑膿菌の固体表面への付着には，ファンデルワールス力のような単純な化学結合だけでなく，様々な因子が関与している。まず，細菌はべん毛を用いて固体表面に移動し，付着にはリポ多糖や SadA タンパク質が関与している[5,6]。表面に付着した直後の細菌は固体表面上で回転して動いており，浮遊と付着の中間である可逆的付着状態をとっているが，やがて IV 型線毛を利用して細菌は固体表面上をはって進むようになり不可逆的状態へ

---

　*　Yosuke Tashiro　静岡大学　学術院工学領域　化学バイオ工学系列　助教

バイオフィルム制御に向けた構造と形成過程

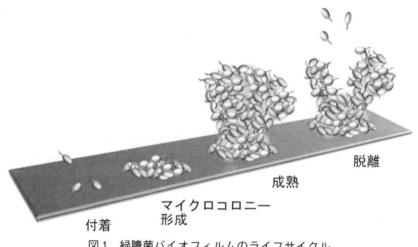

図1　緑膿菌バイオフィルムのライフサイクル

と移行する[7,8]。IV 型線毛の発現は浮遊状態では低いものの，寒天培地上では増加する[9,10]。このような IV 型線毛発現はサイクリック AMP（cAMP）によって制御されており，細菌が表面に付着してから2時間以内に細胞内の cAMP 濃度が浮遊状態に比べて6倍まで向上する[11]。cAMP は細胞内のシグナル伝達物質であり，細菌から高等生物にわたる広い範囲の生物界で代謝調節物質としての役目を果たしている[12]。細菌においては細胞外のカルシウムやグルコースの濃度を感知して細胞内の cAMP 濃度を調節しており，その受容タンパク質と複合体を形成して様々な遺伝子発現の転写を制御することが知られている。緑膿菌においては，細胞内における cAMP 濃度の向上が可逆的付着状態から不可逆的付着状態への移行に重要である[13]。

### 2.2.2　マイクロコロニー形成

不可逆的に表面に付着した細菌は細胞外多糖を分泌しながら固体表面上でマイクロコロニーを形成する。べん毛運動と細胞外多糖の分泌は細胞内シグナル伝達物質であるサイクリック-di-GMP（c-di-GMP）によって調節されている[14]。細胞外膜に局在する PilY1 タンパク質は，付着に関与するだけでなく[15,16]，固体表面への付着を認識して細胞内の c-di-GMP 生産を促進する[11]。また，その他にも WspA タンパク質が固体表面を認識して c-di-GMP 生産を制御している[17]。細胞内の c-di-GMP 濃度が上昇するとべん毛運動が抑制され，細胞外多糖生産が促進される[18]。

### 2.2.3　成熟

細菌がマイクロコロニーを形成し始めると細胞外マトリクスを分泌し，立体構造のバイオフィルムを形成する。成熟したバイオフィルムは細菌とそれらが分泌する細胞外マ

第1章　バイオフィルムの構造と形成機構

トリクスで構成されており，その内部には小さな水路が存在し物質循環に寄与している[19]。マシュルーム構造のバイオフィルムを形成することで，物質の吸着や酵素の保持，薬物浸透阻害の機能が付与される[20]。また，細菌が高密度に存在するバイオフィルム内は，細胞間情報伝達や遺伝子水平伝播に適した場となっている。緑膿菌を含む多くの細菌では，c-di-GMP の他に低分子 RNA（sRNA）がバイオフィルムの発達を制御している[21]。c-di-GMP や sRNA により浮遊状態とバイオフィルム状態で異なる遺伝子発現調節を行っており，バイオフィルム状態では細胞外多糖生産，環境ストレス耐性，抗生物質耐性など，浮遊状態では発揮できなかった生理的機能を示す。

### 2.2.4　脱離

　バイオフィルムの最終段階である脱離は，細菌にとって新たな生育場所でバイオフィルムを形成するのに重要である。緑膿菌のバイオフィルム脱離は受動的脱離と能動的脱離に分類される[22]。受動的脱離は剪断応力によって起こる現象であり，バイオフィルムの一部が崩れる場合や，固体表面からバイオフィルム全体がはがされる場合が存在する[23]。一方，能動的脱離では成熟したバイオフィルムの中央から浮遊細胞あるいはマイクロコロニーが種子の散布のように飛び出し，内部に空洞を持ったバイオフィルムとなり，最終的に剪断応力などによってマイクロコロニーサイズのバイオフィルムが固体表面に取り残される[24]。脱離の初期段階においてバイオフィルム中の細菌の表現型は不均一であり，運動性細胞がバイオフィルム内部の空洞に存在し，非運動性細菌が基底部ならびにバイオフィルムの外壁部分に存在する。このような脱離は，バイオフィルム内における栄養源や酸素濃度の低下，一酸化窒素の蓄積や pH の変動などの環境シグナルによって誘発される。緑膿菌バイオフィルムにおいては，炭素源飢餓や一酸化窒素の蓄積が細胞内の c-di-GMP 濃度を低下させ，BdlA 制御因子を介してべん毛運動を促進し脱離を引き起こす[25,26]。また，バイオフィルムが成熟すると細胞外に不飽和脂肪酸の一種である cis-2-decenoic acid が分泌され，この脂肪酸は緑膿菌だけでなく様々な細菌のバイオフィルム脱離を誘導する[27]。

## 2.3　バイオフィルムの構成成分

　バイオフィルムの大部分は細菌分泌性の細胞外マトリクスで構成されており，細菌が占める割合は乾燥重量でバイオフィルム全体の 1 割程度にしか満たない[28]。緑膿菌の細胞外マトリクスは多糖，DNA，タンパク質，膜小胞により構成される。マトリクスの成分は，緑膿菌の菌種や環境条件，バイオフィルムの発達段階によって大きく異なる。以下に緑膿菌バイオフィルムにおける細胞外マトリクスの各成分について述べる。

*15*

バイオフィルム制御に向けた構造と形成過程

### 2.3.1 細胞外多糖

　緑膿菌は細胞外多糖としてアルギン酸，Pel，Psl を生成しており，各多糖の構造ならびに特徴は異なっている。アルギン酸はグルロン酸とマンヌロン酸が $\beta$-1,4 結合した多糖であり，囊胞性線維症患者に慢性感染する緑膿菌で主に観察される[29]。アルギン酸を生成する緑膿菌のコロニーはムコイド状を示しており，この多糖は細菌を外界ストレスから保護する役割を有している。アルギン酸過剰生産株が形成するバイオフィルムは，非生産株のバイオフィルムに比べて抗生物質の一種であるトブラマイシンへの高い耐性を有している[30]。ムコイド状の緑膿菌において，アルギン酸分解酵素存在下では抗生物質の拡散が促進されることから[31]，アルギン酸は抗生物質に対して物理的障壁としての役割を有している。過剰にアルギン酸を生産する緑膿菌は固体表面への付着が非生産株に比べて劣るものの，大きなマシュルーム構造のバイオフィルムを形成する[32]。このため，アルギン酸は細菌の付着段階よりもバイオフィルムの立体構造形成に大きな役目を果たしている。

　Pel は $N$-アセチルガラクトサミンと $N$-アセチルグルコサミンを多く含む多糖であり，$pel$ オペロンによってその生産がコードされている。PAO1 株を含めた多くの緑膿菌株は主な多糖として Psl を生産するものの，PAO1 株と同様に緑膿菌基準株である PA14 株は Pel を主な多糖として形成する[33]。Pel は正電荷を帯びていることから，負電荷の細胞外 DNA と結合してバイオフィルム構造の維持に寄与している[34]。Pel は気液界面のペリクル形成に必須な多糖として報告されたが[35]，後に固体表面への付着やバイオフィルムの成熟に重要な役割を果たすことが示された[36,37]。また，Pel 多糖はバイオフィルム中の細菌をアミノグリコシド系抗生物質から保護する機能も有している[38]。

　Psl は，マンノース，グルコース，ラムノースが連結した多糖であり，$psl$ オペロンによってその生産がコードされている[39]。Psl には少なくとも 2 つの形状が見つかっており，高分子の Psl は細胞に付着している一方，比較的低分子の Psl は細胞から遊離し培養上清中に存在する。高分子の Psl は生物ならびに非生物表面の初期付着に極めて重要な働きを持っている[40,41]。また，細胞-個体間ならびに細胞-細胞間の相互作用にも重要であり，バイオフィルム形成や構造の維持に必須である[40,42]。さらにこの多糖は，免疫エフェクターや好中球から細菌を保護する役目も果たしている[43]。

### 2.3.2 細胞外 DNA

　緑膿菌のバイオフィルムにおいて，DNA は重要な構成成分の一つである。細胞外 DNA は溶菌した細胞の残骸であると従前考えられてきたが，DNaseI 処理によりバイオフィルム形成が阻害されたことから，バイオフィルム形成に必須の因子であると現在

第1章　バイオフィルムの構造と形成機構

は考えられている[44]。緑膿菌の細胞外 DNA は染色体の特別な領域ではなく，染色体のあらゆる部分に由来しており，バイオフィルム中における細胞外 DNA の蓄積には細胞間情報伝達機構である Quorum sensing が影響している[45]。特に，*Pseudomonas quinolone signal*（PQS）によって DNA 放出は制御されており，緑膿菌バイオフィルムのキャップ構造形成に細胞外 DNA は必須である[46]。細胞外 DNA は緑膿菌の IV 型線毛を介した運動性にも関与しており，バイオフィルム基底部の拡大にも寄与している[47]。また，負電荷を帯びた DNA は金属カチオンのキレート効果を示す他，バイオフィルム中の細菌を抗菌性ペプチドやアミノグリコシド系抗生物質から保護する機能も有している[48~50]。さらに，細胞外 DNA は緑膿菌バイオフィルムの主要な炎症性因子としても報告されている[51]。

### 2.3.3　細胞外タンパク質

多糖や DNA とならんでタンパク質も緑膿菌バイオフィルムにおいて主要な細胞外マトリクス成分である。細菌表層に付随しているタンパク質は細菌の付着，運動に関与している。例えば，べん毛は表面への初期付着に，IV 型線毛はマイクロコロニー形成やマシュルーム型バイオフィルムのキャップ構造形成に重要である[52]。接着タンパク質である CdrA は Psl 多糖と作用し，バイオフィルム構造の安定性に寄与している[53]。Cup 線毛はバイオフィルム形成の初期段階における細胞間相互作用に重要な役目を果たしている[54]。また，細菌表層から遊離したタンパク質もバイオフィルム中には数多く存在する。そのような細胞外タンパク質の約 30% は膜小胞として細菌から分泌されており，その他は細菌外膜の排出ポンプによる分泌や，溶菌による細胞外流出が考えられる[55]。

### 2.3.4　膜小胞

全ての原核生物は細胞外に直径 20~200 nm の膜小胞を分泌する。細菌・古細菌ともに細胞外に分泌することから membrane vesicles（MVs）と呼ばれているが，グラム陰性菌においては外膜から形成されるので outer membrane vesicles（OMVs）と呼ばれることも多い。膜小胞は細胞と同じくリン脂質二重層で構成された構造であり，その内部には DNA やタンパク質が濃縮されている。緑膿菌は膜小胞を多く分泌することから，膜小胞研究のモデル細菌として用いられてきた[56]。浮遊状態でもバイオフィルム状態でも膜小胞を形成するが，そのタンパク質組成は対数増殖期，定常期，バイオフィルム状態で異なる[57,58]。膜小胞は緑膿菌バイオフィルムにおける細胞外マトリクスの一成分であり，細胞外 DNA を繋ぐ役割を果たしている[59]。

膜小胞の分泌はバイオフィルムの構成成分としてだけではなく様々な生物学的機能があると考えられている。緑膿菌が分泌する膜小胞は溶菌酵素を含有しており，他の細菌

にそのタンパク質を送達するため抗菌活性を有している[60〜62]。また，様々な病原因子が小胞内部に濃縮されており[63]，膜小胞はヒト細胞へ病原因子を運搬する機能も担っている[64,65]。同種内においては，Quorum sensing のシグナル物質の1つである PQS が膜小胞によって細胞外に分泌されており，細胞間コミュニケーションツールとして機能している[66]。膜小胞は上述のような物質を送達する役割だけではなく，生育に不必要な物質の排出にも寄与している。緑膿菌の外膜タンパク質 Opr86 は大腸菌における BamA のホモログであり，外膜タンパク質のフォールディングやアッセンブリーを行う因子であるが，その発現が低下すると膜小胞が細胞表層から大量に分泌される[67]（図2）。一方，ペリプラズムに局在するプロテアーゼ MucD，AlgW は膜小胞形成を抑制することから，ペリプラズムにミスフォールディングした外膜タンパク質が蓄積すると膜小胞形成が増加すると考えられている[68]。

　緑膿菌に限らず様々なグラム陰性細菌の膜小胞は，その由来細菌の外膜と異なるタンパク質組成，リン脂質組成を有している[69,70]。そのため，外膜の特定の部位から分泌されると考えられるが，その詳細は明らかとなっていない。これまでに膜小胞の形成機構に関して様々な研究がなされそのモデルが提唱されてきた。バイオフィルム内では細胞が破裂するようにして溶菌して形成される膜小胞も存在するが[71]，全ての膜小胞が溶菌によって形成される訳でなく，生きている細菌の表層から積極的に分泌される場合もある[72]。グラム陰性菌において，外膜とペプチドグリカン，内膜は幾つかのタンパク質によって繋げられているが，そのタンパク質が欠如すると膜の弛緩性が増加し膜小胞が形成される[73]。PQS も膜小胞形成を誘発する機能を有しており，LPS の4'リン酸基とアシル鎖に特異的に結合することで膜を湾曲させ，緑膿菌ならびに他の細菌の膜小胞形成

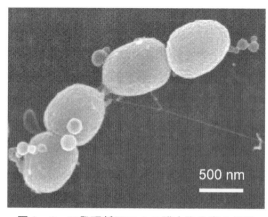

図2　Opr86発現低下による膜小胞分泌の促進

を促進する[74,75]。また，ペリプラズム内にミスフォールディングしたタンパク質やペプチドグリカンの破片の蓄積によっても膜小胞の形成は促進される[76,77]。しかし緑膿菌バイオフィルム内における膜小胞分泌機構の知見は不足しており，今後のさらなる解析が期待される。

## 2.4　Quorum sensing よるバイオフィルム制御

Quorum sensing（QS）とは，細菌の菌体密度感知システムである[78]（図3）。細菌は増殖に伴い低分子化合物（オートインデューサー）を細胞外に放出し，一定の菌体密度に達すると運動性や病原因子生産，バイオフィルム形成などが発揮される[79]。緑膿菌においては数百の遺伝子発現が QS に制御される[80]。

緑膿菌の QS には少なくとも Las，Rhl，PQS の3つの機構が存在する。Las 機構では，LasI により $N$-3-oxo-dodecanoyl-L-homoserine lactone（3-oxo-C12-HSL）が生成され，受容体である LasR と結合し様々な遺伝子転写制御を行う。一方，Rhl 機構では，RhlI により $N$-butanoyl-L-homoserine lactone（C4-HSL）が生成され，受容体 RhlR と複合体を形成した際に標的の遺伝子転写を誘導する。QS とバイオフィルムの関係は1998年に Davis らによって緑膿菌で初めて実証されており[79]，lasI 変異株では薄く平坦なバイオフィルムしか形成されない。また，Rhl 機構は緑膿菌バイオフィルムにおけるキャップ構造形成に関与している他，バイオサーファクタントであるラムノリピッド

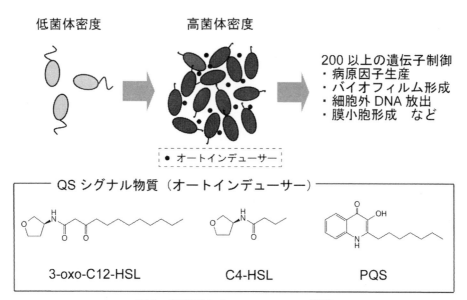

図3　緑膿菌の Quorum sensing 機構

の生産を制御し，バイオフィルムの脱離に関与している[79,81]。もう1つのQSであるPQS機構は，2-heptyl-3-hydroxy-4-quinolone（PQS）をオートインデューサーとして利用したシステムである。PqsABSCDEによりPQSの前駆体である2-heptyl-4-quinolone（HHQ）が形成された後，PqsHによりPQSに変換され，受容体PqsRがPQSを感知すると様々な遺伝子発現を誘導する[82]。PQSはバイオフィルム形成において，細胞外DNAの放出や膜小胞分泌を制御している[46,66]。

### 2.5 c-di-GMPによるバイオフィルム制御

c-di-GMPは様々な細菌で細胞内シグナル分子として用いられており，細胞内のc-di-GMP濃度によって浮遊状態とバイオフィルム状態のライフサイクルが調節されている[83]。緑膿菌のバイオフィルムでは細菌1 mgあたりのc-di-GMP量がおよそ75～110 pmolであるのに対し，浮遊細胞では30 pmol未満となっている[84]。細胞内のc-di-GMP濃度はその合成酵素と分解酵素によって調節されている。c-di-GMPは2分子のGTPからdiguanylate cyclase（DGC）によって合成され，phosphodiesterase（PDE）によって5'-phosphoguanylyl-(3'-5')-guanosine（pGpG）またはGMPまで分解する（図4）。DGCはDDGEFドメインを有しており[85]，一方PDEはEALまたはHD-GYPドメインを有している[86]。DGCならびにPDEには各ドメインの他に受容ドメインや伝達ドメインを有しており，外部環境ならびに細胞内のシグナルを認識してc-di-GMP濃度を調節している。緑膿菌には，GGDEFドメインのみを持つタンパク質

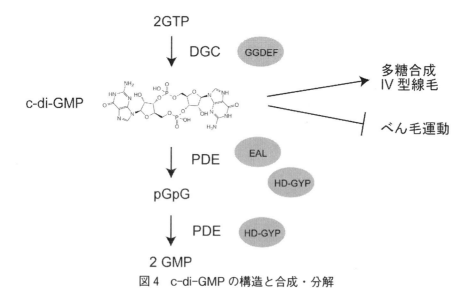

図4 c-di-GMPの構造と合成・分解

第1章　バイオフィルムの構造と形成機構

が18種類，EALドメインのみを持つタンパク質が6種類，HD-GYPドメインを持つタンパク質が3種類存在する[87]。また，GGDEFとEALの両ドメインを持つハイブリッドタンパク質が16種類も存在しており，これらは環境条件によってDGCまたはPDEの機能が発揮される。例えば，両ドメインを持つMucRは浮遊状態ではアルギン酸合成酵素の促進する制御因子としてDGCが働き，バイオフィルム後期では一酸化窒素やグルタミン酸を感知してバイオフィルムの脱離を誘発するPDE機能を発揮する[88]。緑膿菌のDGC活性で最も研究が進んでいるのはWsp（wrinkly spreader phenotype）システムであり，細胞外多糖生産が本システムにより制御され，厚いバイオフィルム形成に重要な役割を果たしている。膜タンパク質であるWspAがシグナルを認識するとWspシステムを駆動し，GGDEFドメインを有するWspRが発現され細胞内のc-di-GMP量が増加する[89]。その結果，PslやPelなどの多糖合成ならびにIV型線毛の発現が増加し，バイオフィルム形成が促進される[90]。一方緑膿菌のPDE活性については，CheY-EALドメインを有するRocRが最初に見つかっており，Cup線毛の発現の抑制因子として働いている[91]。EALドメインを含むタンパク質はc-di-GMPをpGpGまで分解するものの，HD-GYPドメインを有するタンパク質は2段階反応により2分子のGMPまで分解する。これらのPDE活性により細胞内のc-di-GMP濃度が低下するとべん毛運動が促進される[92]。

## 2.6　環境ストレスに応答したバイオフィルム形成

　緑膿菌は様々なストレスに応答してバイオフィルム形成を制御している。例えば，アミノグリコシド系抗生物質やテトラサイクリンなど，リボソームを標的とした抗生物質が生育阻害濃度以下で存在した際，バイオフィルム形成が抗生物質非存在下に比べて向上する[93,94]。内膜タンパク質Arrが細胞内に透過された抗生物質を感知して細胞内のc-di-GMP濃度を調節し，バイオフィルム形成が促進される[93]。また，エタノールも生育を阻害しない低濃度ではバイオフィルム形成を向上させる[95]。通常70%の濃度のエタノールで消毒を行うが，エタノールはアルギン酸，PelやPslの多糖合成を促進させる効果もあり，緑膿菌は1～2%のエタノール存在下で厚みのあるバイオフィルムを形成する[95,96]。緑膿菌では外膜タンパクWspAが低濃度のエタノールを感知しており，細胞内のc-di-GMP濃度が上昇することによってバイオフィルム形成能が高まる[97]。このように，抗生物質や消毒液など殺菌を目的として通常利用している物質も，適切でない濃度ではバイオフィルム形成を向上させる効果があるため，使用の際には注意が必要である。

## 2.7 おわりに

　緑膿菌はバイオフィルム形成能が高く，生体内や物質表面に付着・定着して様々な環境ストレスに耐えている。このように適応能力が高い理由として，細胞外に存在する物質や環境変化をすばやく細菌が感知し，浮遊状態とバイオフィルム状態をうまく調節している点が挙げられる。緑膿菌はバイオフィルム形成だけではなく，QSや膜小胞形成を巧みに行っており，これらシステムは同種内のコミュニケーションを活発化させている。このような情報伝達機構は，緑膿菌が集団として生息するために重要な役割を果たしていると考えられる。緑膿菌の優れた環境適応能力に関する理解が深まることで，難治性慢性感染症を防ぐための糸口が見いだされることが今後期待される。

## 文　　献

1)　Y Tashiro *et al.*, *Microbes Environ.*, **28**, 13 (2013)

2)　TS Murray *et al.*, *Curr. Opin. Pediatr.*, **19**, 83 (2007)

3)　SL Gellatly *et al.*, *Pathog. Dis.*, **67**, 159 (2013)

4)　MT Rybtke *et al.*, *Inflamm. Allergy Drug Targets*, **10**, 141 (2011)

5)　GA O'Toole *et al.*, *Annu. Rev. Microbiol.*, **54**, 49 (2000)

6)　N Caiazza *et al.*, *J. Bacteriol.*, **186**, 4476 (2004)

7)　GA O'Toole *et al.*, *Mol Microbiol.*, **30**, 295 (1998)

8)　ML Gibiansky *et al.*, *Science*, **330**, 197 (2010)

9)　DP Speert *et al.*, *Infect. Immunol.*, **53**, 207 (1986)

10)　NM Kelly *et al.*, *Infect. Immunol.*, **57**, 3841 (1989)

11)　Y Luo *et al.*, *mBio*, **6**, e02456 (2015)

12)　K McDonough *et al.*, *Nature Rev. Microbiol.*, **10**, 27 (2012)

13)　K Ono *et al.*, *Microbes Environ.*, **29**, 104 (2014)

14)　S Tilman *et al.*, *Nat. Rev. Microbiol.*, **7**, 724 (2009)

15)　RA Alm *et al.*, *Mol. Microbiol.*, **22**, 161 (1996)

16)　RW Heininger *et al.*, *Cell Microbiol.*, **12**, 1158 (2010)

17)　JR O'Connor *et al.*, *Mol. Microbiol.*, **86**, 720 (2012)

18)　BR Borlee *et al.*, *Mol. Microbiol.*, **75**, 827 (2010)

19)　L Hall-Stoodley *et al.*, *Nat. Rev. Microbiol.*, **2**, 95 (2004)

20)　Flemming *et al.*, *Nat. Rev. Microbiol.*, **14**, 563 (2016)

第1章　バイオフィルムの構造と形成機構

21) JR Chambers *et al.*, *Trends Microbiol.*, **21**, 39 (2013)

22) K Lee *et al.*, *J. Microbiol. Biotechnol.*, **27**, 1053 (2017)

23) SK Kim *et al.*, *J. Microbiol.*, **54**, 71 (2016)

24) M Harmsen *et al.*, *FEMS Immunol. Med. Microbiol.*, **59**, 253 (2010)

25) R Morgan *et al.*, *J. Bacteriol.*, **188**, 7335 (2006)

26) N Barraud *et al.*, *J. Bacteriol.*, **191**, 7333 (2009)

27) DG Davies *et al.*, *J. Bacteriol.*, **191**, 1393 (2009)

28) HC Flemming *et al.*, *Nat. Rev. Microbiol.*, **8**, 623 (2010)

29) JR Govan *et al.*, *Microbiol. Rev.*, **60**, 539 (1996)

30) M Hentzer *et al.*, *J. Bacteriol.*, **183**, 5395 (2001)

31) RA Hatch *et al.*, *Antimicrob. Agents Chemother.*, **42**, 974 (1998)

32) ID Hay *et al.*, *Appl. Environ. Microbiol.*, **75**, 6022 (2009)

33) KM Colvin *et al.*, *Environ. Microbiol.*, **14**, 1913 (2012)

34) LK Jennings *et al.*, *Proc. Natl. Acad. Sci. USA*, **112**, 11353 (2015)

35) L Friedman *et al.*, *Mol Microbiol.*, **51**, 675 (2004)

36) P Vasseur *et al.*, *Microbiology*, **151**, 985 (2005)

37) KM Colvin *et al.*, *PLoS Pathog.*, **7**, e1001264 (2011)

38) L Yang *et al.*, *Environ. Microbiol.*, **13**, 1705 (2011)

39) MS Byrd *et al.*, *Mol. Microbiol.*, **73**, 622 (2009)

40) L Ma *et al.*, *J. Bacteriol.*, **188**, 8213 (2006)

41) MS Byrd *et al.*, *mBio*, **1**: e00140 (2010)

42) J Overhage *et al.*, *Appl. Environ. Microbiol.*, **71**, 4407 (2005)

43) M Mishra *et al.*, *Cell Microbiol.*, **14**, 95 (2012)

44) CB Whitchurch *et al.*, *Science*, **295**, 1487

45) M Allesen-Holm *et al.*, *Mol. Microbiol.*, **59**, 1114 (2006)

46) L Yang *et al.*, *Mol Microbiol.*, **74**, 1380 (2009)

47) ES Gloag *et al.*, *Proc. Natl. Acad. Sci. USA*, **110**, 11541 (2013)

48) H Mulcahy *et al.*, *PLoS Pathog.*, **4**, e1000213 (2008)

49) S Lewenza, *Front. Microbiol.*, **4**, 21 (2013)

50) WC Chiang *et al.*, *Antimicrob. Agents Chemother.*, **57**, 2352 (2013)

51) JIF Bass *et al.*, *J. Immunol.*, **184**, 6386 (2010)

52) GA O'Toole *et al.*, *Mol. Microbiol.*, **30**, 295 (1998)

53) BR Borlee *et al.*, *Mol. Microbiol.*, **75**, 827 (2010)

54) S Ruer *et al.*, *J. Bacteriol.*, **189**, 3547 (2007)

55) M Toyofuku *et al.*, *J. Proteome Res.*, **11**, 4906 (2012)

56) Y Tashiro *et al.*, *Environ. Microbiol.*, **14**, 1349 (2012)

57) Y Tashiro *et al.*, *Appl. Environ. Microbiol.*, **76**, 3732 (2010)

58) SR Schooling *et al.*, *J. Bacteriol.*, **188**, 5945 (2006)

59) SR Schooling *et al.*, *J. Bacteriol.*, **191**, 4097 (2009)

60) JL Kadurugamuwa *et al.*, *J. Bacteriol.*, **178**, 2767 (1996)

61) Z Li *et al.*, *J. Bacteriol.*, **178**, 2479 (1996)

62) JL Kadurugamuwa *et al.*, *J. Bacteriol.*, **180**, 2306 (1998)

63) JL Kadurugamuwa *et al.*, *J. Bacteriol.*, **177**, 3998 (1995)

64) SJ Bauman *et al.*, *BMC Microbiol.*, **9**, 26 (2009)

65) JM Bomberger *et al.*, *PLoS Pathog.*, **5**, e1000382 (2009)

66) LM Mashburn *et al.*, *Nature*, **437**, 422 (2005)

67) Y Tashiro *et al.*, *J. Bacteriol.*, **190**, 3969 (2008)

68) Y Tashiro *et al.*, *J. Bacteriol.*, **191**, 7509 (2009)

69) DS Choi *et al.*, *Proteomics*, **11**, 3424 (2011)

70) Y Tashiro *et al.*, *Biosci. Biotechnol. Biochem.*, **75**, 605 (2011)

71) L Turnbull *et al.*, *Nat. Commun.*, **7**, 11220 (2016)

72) Toyofuku *et al.*, *Avd. Colloid Interface Sci.*, **226 Part A**, 65 (2015)

73) BL Deatherage *et al.*, *Mol. Microbiol.*, **72**, 1395 (2009)

74) Y Tashiro *et al.*, *Microbes Environ.*, **25**, 120 (2010)

75) JW Schertzer *et al.*, *mBio*, **13**: e00297 (2012)

76) Y Tashiro *et al.*, *J. Bacteriol.*, **191**, 7509 (2009)

77) Zhou *et al.*, *FEMS Microbiol. Lett.*, **163**, 223 (1998)

78) M Juhas *et al.*, *Environ. Microbiol.*, **7**, 459 (2005)

79) DG Davis *et al.*, *Science*, **280**, 295 (1998)

80) VE Wagner *et al.*, *Vaccine*, **22 Suppl 1**, S15

81) GM Patriquin *et al.*, *J. Bacteriol.*, **190**, 662 (2008)

82) S Häussler *et al.*, *PLoS Pathog.*, **4**, e1000166 (2008)

83) U Röming *et al.*, *Microbiol. Mol. Biol. Rev.*, **77**, 1 (2013)

84) AB Roy *et al.*, *Mol. Microbiol.*, **94**, 771 (2014)

85) DA Ryjenkov *et al.*, *J. Bacteriol.*, **187**, 1792 (2005)

86) SJ Schmidt *et al.*, *J. Bacteriol.*, **187**, 4774 (2005)

87) M Valentini *et al.*, *J. Biol. Chem.*, **291**, 12547 (2016)

88) ID Hay *et al.*, *Appl. Environ. Microbiol.*, **75**, 1110 (2009)

89) JW Hickman *et al.*, *Proc. Natl. Acad. Acad. USA*, **102**, 14422 (2005)

90) ZT Guvener *et al.*, *Mol. Microbiol.*, **66**, 1459 (2007)

第1章 バイオフィルムの構造と形成機構

91) HD Kulasekara *et al.*, *Mol. Microbiol.*, **55**, 368 (2005)

92) SB Guttenplan *et al.*, *FEMS Microbiol. Rev.*, **37**, 849 (2013)

93) LR Hoffman *et al.*, *Nature*, **436**, 1171 (2005)

94) JF Linares *et al.*, *Proc. Natl. Acad. Acad. USA*, **103**, 19484 (2006)

95) Y Tashiro *et al.*, *Biosci. Biotechnol. Biochem.*, **78**, 178 (2014)

96) DeVault *et al.*, *Mol. Microbiol.*, **4**, 737 (1990)

97) Chen AI *et al.*, *PLoS Pathog.*, **10**, e1004480 (2014)

## 3 サルモネラが形成するバイオフィルムの構造

天野富美夫[*]

### 3.1 はじめに

サルモネラは腸内細菌科，グラム陰性の無芽胞桿菌で，周毛性の鞭毛をもつ通性嫌気性菌である。サルモネラの菌型は血清型で 2000 種類以上が報告され，環境中に広く分布するが，中には動物の体内組織中に定着して存在するものや植物の表面に付着・生着して存在するものもある。これらのうち，ヒト，動物あるいは食品から 40～50 種類が分離され，そのうちさらに食中毒の原因となるものは 10～20 種類程度である。本節では，サルモネラが形成するバイオフィルムについて概説するが，多くのサルモネラ菌属のうち，ヒトや動物にしばしばチフス症などの感染症や食中毒を起こすことが知られている *Salmonella enterica serovar* Typhi（*S.* Typhi；チフス菌），*Salmonella enterica serovar* Typhimurium（*S.* Typhimurium；ネズミチフス菌），および *Salmonella enterica serovar* Enteritidis（*S.* Enteritidis；ゲルトネル菌）を中心に述べる。

一方，バイオフィルムとは，本書の第 1 章 1 節で松村吉信先生が述べておられるように，細菌が，単独ではなく固体表面に集合体を形成して特徴ある構造体の中に存在する状態をいう。その集合体の中で，細菌は，単独で浮遊しているときとは大きく異なり，細菌間の相互作用を通じて様々な性質を発現し，調節して存在する[1]。これまで多くの細菌がバイオフィルムを形成することが報告されてきたが，同一条件下で緑膿菌（*Psudomonas aeruginosa*），サルモネラ（*Salmonella* Typhimurium），腸炎ビブリオ（*Vibrio parahaemolyticus*），枯草菌（*Bacillus cereus*），リステリア菌（*Listeria monocytogenes*），黄色ブドウ球菌（*Staphylococcus aureus*）の 6 種類の病原微生物のバイオフィルム形成能を比較した結果からは，サルモネラ（*Salmonella* Typhimurium）は他の菌よりもバイオフィルム形成能が低いという報告がある[2]。筆者も別のサルモネラ（*S.* Enteritidis）を用いて実験した結果，黄色ブドウ球菌よりもバイオフィルム形成能が低かった（結果省く）。これらの結果を含め，サルモネラのバイオフィルム形成についてはそれほど多くの研究がなされてこなかった。しかし，サルモネラは病原性の強い菌種が多く，さまざまな感染症や食中毒の原因菌として，しばしば重篤な症状を起こしてきたので，サルモネラのバイオフィルム形成を，環境中における菌の生残性や抗菌薬や消毒剤に対する抵抗性，あるいは慢性感染症との関係から見直すことは重要である。

---

\*　Fumio Amano　大阪薬科大学　生体防御学研究室　教授

第1章　バイオフィルムの構造と形成機構

## 3.2　サルモネラのバイオフィルム

ここではサルモネラのバイオフィルム形成の過程を見る。他の細菌のバイオフィルム形成と共通の部分もあるが，サルモネラを用いた研究から病原因子や調節機構が明らかにされたものを中心に記述する。

### 3.2.1　サルモネラのバイオフィルムの形成機構と構造

図1にサルモネラのバイオフィルム形成過程を示す。まず，浮遊細胞（planktonic cell）が基質であるプラスチックやガラス，あるいは金属などの固体表面に付着する（図1①）。このとき，菌体表面の鞭毛を介して接触し，基質との相互作用によって安定な付着・接着に移行する。後述するように，基質表面の疎水性や電荷がこの過程に影響を及ぼす。次に，他の浮遊細胞も同様の付着・接着を行い，微小コロニーを形成する（図1②）。この過程では細菌細胞間の相互作用が様々な影響を与え，周辺の栄養や塩濃度，菌の密度，さらに細胞間の情報伝達物質として低分子のN-アシル-L-ホモセリンラクトン（AHL）などによるクオラムセンシング（quorum sensing）を介した調節を受ける[3]。この微小コロニーは多糖類やタンパク質を生成・菌体外に放出してEPS（Exopolysaccharides；菌体外多糖体）に囲まれた成熟したバイオフィルムを作るようになる（図1③）が，その構造は発達してキノコ状のマッシュルーム様を示すことが多い。この構造は非常に特徴的で，内部の菌体を保護するはたらきを持つため，消毒剤や抗菌薬に耐性を示すようになる[4]。一般に，バイオフィルム形成細菌のEPSにはグルク

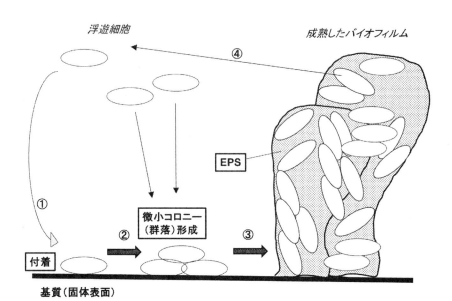

図1　サルモネラのバイオフィルム形成過程

バイオフィルム制御に向けた構造と形成過程

ロン酸，ガラクツロン酸などの酸性糖鎖がカルシウムイオンなどを結合して堅固な糖鎖構造体を形成する場合があるが，中にはデキストランなどの中性の多糖体や，緑膿菌のようにアルギン酸を持つ粘性の多糖類を含む場合もある。EPS は多様で，細菌の種類や環境条件によっても異なることが多い。サルモネラの EPS の特徴としてセルロースの関与が指摘されており，セルロースが菌体表面の Curli 線毛と BapA タンパク質の相互作用を介して S. Typhimurium や S. Enteritidis の強固なバイオフィルム形成を可能にしていることが示された[5]。この Curli 線毛は CsgA タンパク質をサブユニットとし，菌体から分泌される BapA タンパク質による気液界面におけるペリクル形成を可能にしている。したがって，Curli 線毛，セルロース，BapA タンパク質のいずれが欠損しても，また，これらの発現を調節する転写調節因子，CsgD タンパク質の発現やリン酸化による制御が低下しても[6]，サルモネラは安定した成熟バイオフィルムを形成することができず，平板なコロニー形成にとどまる。成熟したバイオフィルムは，栄養因子の不足や外界の物理的，あるいは化学的，生物的なストレスなどの環境条件の変化によってその構造の一部が崩壊あるいは脱落し，浮遊細胞をバイオフィルムの外部に放出する（図 1 ④）。ここで重要なことは，バイオフィルム内部の細菌は，増殖速度が低下しているものの死滅していないものが多く存在するため，外部に放出された浮遊細胞は速やかに増殖を開始することである。

　このように，細菌はバイオフィルムを形成することにより，外界のストレスに抵抗し，再び増殖するという，生残戦略を持つことになる。とりわけ，水分が枯渇するような過酷な状況においては，細菌の集塊はバイオフィルム内部で EPS に結合した微量の水分を菌体の周囲に保持することによって死滅を免れることがある。また，バイオフィルム形成は，抗菌薬や消毒剤が菌体内に浸透する上での障害となり，あるいは免疫系の細胞，とりわけ好中球やマクロファージなどの食作用による殺菌効果を免れるなど，自然環境においても，動物の体内環境においても，細菌の増殖阻害や殺菌・貪食に対する「物理的・空間的な保護」の場を提供する[7]。サルモネラのような病原細菌の場合には，菌の生態的な変化だけでなく疾病発症との関係，あるいは食中毒の拡散などの公衆衛生や食品衛生との関係にも注意を払う必要がある。

### 3.2.2　サルモネラのバイオフィルムに関する問題

　バイオフィルの形成により，サルモネラは浮遊細胞の状態と比べ，増殖性だけでなく，薬剤抵抗性や乾燥耐性など，さまざまな環境ストレスに対する応答性が大きく異なるようになる。成熟バイオフィルムの内部では，多くの菌は死滅しないが増殖が非常に遅い状態を保つ[1]。そのため，従来のような実験室における細菌の培養系での抗菌薬の評価

*28*

第1章　バイオフィルムの構造と形成機構

などでは，バイオフィルム形成細菌の薬剤感受性を検出できないことがある。この点は今後の大きな課題として残されているが，ここでは，既に問題が指摘された症例や食中毒事例を引用しながら，サルモネラのバイオフィルム対策について述べる。

### (1) 医療分野における問題

　サルモネラは病原細菌の一つで，ヒトならびに他の動物への病原性は，体内組織への侵入を介して，あるいはそれに伴う菌体表面のリポ多糖（LPS）が内毒素（エンドトキシン）として免疫系を含む宿主の細胞に作用して発現される。これらの現象は，多くの場合，増殖性のサルモネラによって顕著であるため，それに比べ，非増殖時，あるいは静止期のサルモネラの病原性は低い[8]。しかし，バイオフィルムを形成したサルモネラについて，そのような詳細な実験を用いた検討はなされていない。一方，Dongol らはネパールにおける胆のう切除を受けた患者の胆のうから高頻度にチフス菌，パラチフスA 菌が検出し，これらが腸チフスによる発熱などの持続感染症の原因となり，胆汁中に排菌されてしばしば宿主の免疫系による炎症を引き起こしたのではないか，という可能性を指摘した[9]。またそれらの患者の多くが胆石を持っていたと報告されている。この報告中では胆石表面にサルモネラのバイオフィルムが存在したかについての記載はないが，一方，Crawford らは，サルモネラは胆石の表面に胆汁を介して細胞外マトリクス（ECM，図1 の EPS と類似）産生を促し，成熟型バイオフィルムを形成することを示した[10]。これらの研究報告は，サルモネラが胆石表面にバイオフィルムを形成して慢性持続感染症の原因となることを示唆する。

　免疫系によるサルモネラの監視と認識および排除に関して，バイオフィルムがどのような役割を果たすかについての研究は緑膿菌に比べて少ない[11]。しかし，成熟バイオフィルムのもつ EPS（図1）が，免疫系との相互作用の鍵を握る。サルモネラの EPSとして，セルロース，Curli 線毛と BapA タンパク質の他，O-抗原多糖，Vi 莢膜多糖や eDNA（細胞外 DNA）がある。しかし O-抗原多糖は宿主の抗体や補体による認識と排除の標的として，また，Vi 莢膜多糖については補体第3受容体（C3b 受容体）を介した排除に抵抗性を示すなど，バイオフィルム形成したサルモネラに特徴的な性質というよりは，浮遊型，増殖型（planktonic bacteria）のサルモネラにも共通の性質であるので，ここでは記述を省く。一方，eDNA については，EPS の抗生物質として成熟バイオフィルム形成に関与していると言われてきたが[4]，近年，Wang らの報告でeDNA は *S.* Typhi および *S.* Typhimurium のバイオフィルム形成を不安定化させる要因であることが示された[11]。

　以上，臨床においても基礎研究においても，バイオフィルム形成したサルモネラの病

原性や免疫原性については，まだ不明な点が多く残されている。

## (2) 食品分野における問題

わが国におけるサルモネラによる食中毒は，2016年は31件（2.8％），患者数は704人（3.5％），死者はゼロであった[12]。近年は，HACCP（Hazard Analysis Critical Control Point；危害分析重要管理点）の導入による食品衛生管理が進み，それまでの鶏卵や鶏肉のサルモネラ汚染による食中毒が非常に多かった状態から大きく改善された[13]。しかし，時には食品衛生管理の不徹底や給食施設の老朽化などにより，集団食中毒を発生することがある。2011年2月に北海道岩見沢市の小中学校の学校給食で発生したサルモネラの集団食中毒では，ブロッコリーサラダを喫食した児童生徒の1,541人が S. Enteritidis による発熱・腹痛・下痢・嘔吐などの症状を訴えた。その後の調査により，給食設備の撹拌羽根基部を含むアーム部分におけるサルモネラ汚染が判明し，調理器具の洗浄ならびに加熱処理の不十分が指摘された[14]。この食中毒事例で，S. Enteritidis のバイオフィルムが関与したか否かは不明であるが，HACCP の導入後であっても，食品の製造や調理，配膳などの過程に関わる従事者の態度や管理点検が不十分になると，いつでもどこでも食中毒は起こりうることに注意する必要がある。

## (3) サルモネラのバイオフィルム対策

サルモネラは，医療現場や食品の製造過程における現場だけでなく，河川や湖沼，土壌や動植物の体内や表面などの自然環境に広く分布するため，われわれの生活環境に侵入して疾病や食中毒を引き起こす原因となる[15]。とくに，細菌は一般に，過酷な環境に置かれるとそのストレスに応答してバイオフィルムを形成する性質をもつ[1]ので，ここでは図1に示したサルモネラのバイオフィルム形成過程のそれぞれについて，対策を考えてみる（図2）。まず，①「細菌の付着・接着」と②「微小コロニーの形成」の阻害については，共通して，医療や食品加工・調理に用いる(1)器材の材質の選択，に注意する。また，表面に傷があるとその凹みに菌が付着し易くなるので，(2)傷がつかないような表面加工あるいはコーティングを施す，ことにより，サルモネラの鞭毛を介した接着や付着・凝集が起こりにくい工夫をする。さらに，菌が付着した後に安定な接着をして定着することがないように，(3)洗浄，を行うとともに，菌の増殖や生残を阻害するため，(4)温度管理，を行う。以上は，バイオフィルム形成の初発段階である細菌の接着・付着を阻止し，微小コロニー形成をさせないという，最も基本的な対策である。後述する「成熟バイオフィルム」を破壊し，除去することが困難を伴うだけに，医療や食品衛生・食品管理においては(1)～(4)が要点になる。

次の段階は，③「成熟バイオフィルム形成」をさせない，あるいは形成されたバイオ

第1章　バイオフィルムの構造と形成機構

```
①細菌の付着・接着の阻害：
②微小コロニーの形成阻害：
        (1)器材の材質の選択　(2)表面の傷の防止・コーティング　(3)洗浄
        (4)温度管理

③成熟バイオフィルム形成の阻害：
        (5)洗浄剤・消毒剤・殺菌薬による化学的処理
        (6)超音波処理・加熱処理などの物理的処理
        (7)セルラーゼなどの酵素処理

④成熟バイオフィルムからの浮遊細胞の遊離阻害：
        (8)洗浄　(9)定期的な基質の交換

⑤その他：
        (10)バイオフィルム研究の推進
```

図2　サルモネラのバイオフィルム形成に対する対策

フィルムの破壊である。成熟バイオフィルムは強固な三次元構造を持つため[7]，(5)化学的処理，(6)物理的処理および(7)酵素処理を組み合わせて対応することが必要になる。成熟バイオフィルムは複合した構成要素からなるため，(5)〜(7)を如何に組み合わせて処理するかが課題である。森川の研究によれば，バイオフィルム形成したサルモネラは浮遊細胞に比べて高い熱処理耐性を示した[2]ことから，たとえば給食施設の調理器具にサルモネラのバイオフィルムが形成されると，単に加熱処理しただけでは菌が生残し，再び浮遊細胞を遊離して食中毒の原因になる可能性がある。

　最後に，④「成熟バイオフィルムからの浮遊細胞の遊離阻害」については，成熟バイオフィルムの中の細菌は増殖速度が低下していても生残しており，周囲の環境条件が整えば再び増殖することを理解する必要がある[1]。したがって，これを阻害するためには，(8)洗浄，による浮遊細胞の除去，あるいは，(9)定期的な基質の交換，による成熟バイオフィルムをそっくり除去することが有効な対策である。また，⑤その他，として(10)バイオフィルム研究の推進，により，まだ未知の部分が多く残されているサルモネラのバイオフィルムについて，その生物学的な基礎から，臨床医療面における課題，食品衛生上のバイオフィルム形成阻害や除去に関する課題を解決することが求められている。

## 3.3　サルモネラのストレス応答とバイオフィルム形成

　図2に示すように，サルモネラのバイオフィルム形成を阻害するための最善策は，菌の付着・接着の阻害である。ここでは，筆者たちが行った研究の中から，サルモネラの

## バイオフィルム制御に向けた構造と形成過程

付着と洗浄に関する研究の成果を紹介する[16]。S. Enteritidis の分離株のうち，バイオフィルム形成能の高い SEC54 株と低い SEC280 株[17]を LB 培地中で培養して対数増殖期にしたのち，新鮮な LB 培地 1 mL 中で，37℃，4 時間，直径 13 mm，厚さ 0.5 mm の無傷のステンレススチール（SS）の円盤，および直径 14 mm，厚さ 0.2 mm の無傷のポリエステル製プラスチック（PL）の円盤を加えて培養し，菌を結合させた。その後，氷冷したリン酸緩衝生理食塩水（PBS）約 2 mL ずつを加えて 3 回，繰り返し洗浄した。この状態の SS または PL からの菌の洗浄を，PBS 中に 0.01%～0.1% となるように溶解した家庭用台所洗剤（ファミリーフレッシュ®，花王）を用いて行った。溶液中に回収された菌を LB 寒天培地上に塗布してコロニー形成させ，器材から洗浄された生菌数（CFU）として表した。

その結果，バイオフィルム形成能の高い SEC54 株は洗剤の濃度依存的に SS からも PL からもはがれたのに対し，バイオフィルム形成能の低い SEC280 株は洗剤濃度を濃くしても影響はなかった（図 3）。走査型電子顕微鏡で観察した結果，SEC54 株は PL に接着する際には菌体の長側で互いに結合しながら接着したが（図 4 a），SS への接着時にはこのような像が見られなかった（図 5 a）。一方，SEC280 株は SS に対しても PL に対しても不定形な集塊を作って接着する様子が観察された（図 4 b，図 5 b）。なお，接着した菌数は，SEC54 株は SEC280 株と比較して，SS に対しても PL に対しても約 3～4 倍多い菌数が接着した（結果示さず）。また，0.1% の洗剤を用いて洗浄した後の SS および PL 表面からは，対照で見られたような菌の集塊あるいは接着は見られず，

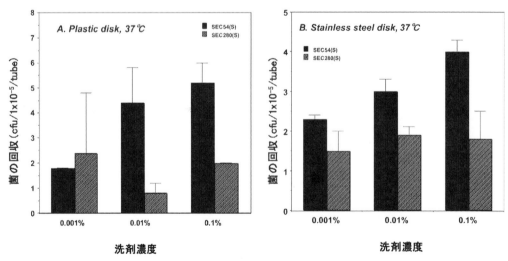

図 3　器材へのサルモネラの付着と洗浄による除去

第1章 バイオフィルムの構造と形成機構

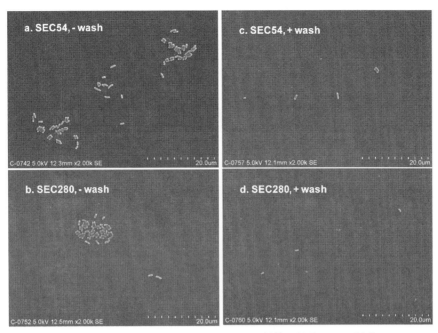

図4 プラスチックへのサルモネラの付着と洗浄による除去

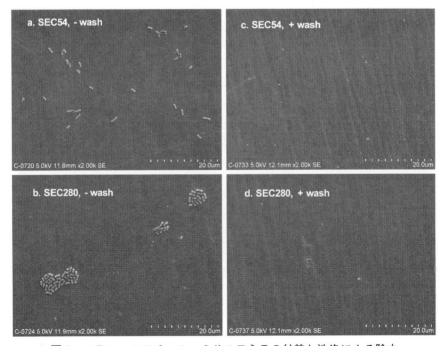

図5 ステンレススチールへのサルモネラの付着と洗浄による除去

バイオフィルム制御に向けた構造と形成過程

この濃度の洗剤を用いれば，器材の性質によらず一定の洗浄効果が得られることが示唆された（図4c,d，図5c,d）。

このほか，*S. Enteritidis* のマクロファージへの接着・付着に及ぼすシアリルオリゴ糖，カラゲナン，フコイダン，あるいはキシロオリゴ糖などの効果，ならびにマウスへの感染についても検討した結果，これらの物質に共通していたのは，負電荷をもつ糖鎖構造が，サルモネラの接着・付着ならびにマクロファージへの取り込みやマウスへの侵入に阻害的に作用するということである[18]。これらの負電荷をもつ糖鎖構造が，サルモネラのバイオフィルム形成にどのような作用を持つのかについては，今後の興味ある研究課題である。

**謝辞**

本書で述べた筆者らの研究の一部は，科研費（15K08051，24590165，21590141），ならびに平成21年度厚生労働科学研究費補助金（食品の安心・安全確保推進研究事業）による支援を受けて実施しました。ここに感謝します。

# 文　　　献

1) 森川正章，化学と生物，41，32-37（2003）
2) 森川正章，平成18年度 病原微生物データ分析実験作業 成果報告書（平成18年度農林水産省 食品製造工程管理 情報高度化促進事業），平成19年2月
3) Liu Z., Que F., Liao L., Zhou M., You L., Zhao Q., Li Y., Niu H., Wu S., Huang R., *PLoS One.*, **9**(10), e109808 (2014)
4) 水之江義充，耳展，**56**，199〜203（2013）
5) Jonas K., Tomenius H., Kader A., Normark S., Römling U., Belova L. M., Melefors O., *BMC Microbiol.*, **24**(7), 70 (2007)
6) Gonzalez-Escobedo G., Marshall J. M., Gunn J. S., *Microbiology.*, **160** (Pt 11), 2366-73 (2014)
7) Gunn J. S., Bakaletz L. O., Wozniak D.J., *J. Biol. Chem.*, **291**(24), 12538-12546 (2016)
8) 天野富美夫，*Microbes Environ.*, **14**，107-121（1999）
9) Dongol S., Thompson C. N., Clare S, Nga T. V., Duy P. T., Karkey A., Arjyal A.,

Koirala S., Khatri N. S., Maskey P., Poudel S., Jaiswal V. K., Vaidya S., Dougan G., Farrar J. J., Dolecek C., Basnyat B., Baker S., *PLoS One.*, **7**(10), e47342 (2012)

10) Crawford R. W., Rosales-Reyes R., Ramírez-Aguilar Mde L., Chapa-Azuela O., Alpuche-Aranda C., Gunn J. S., *Proc. Natl. Acad. Sci. USA.*, **107**(9), 4353-8 (2010)

11) Wang H., Huang Y., Wu S., Li Y., Ye Y., Zheng Y., Huang R., *Curr. Microbiol.*, **68**(2), 262-8 (2014)

12) 厚生労働省, 「食中毒統計調査」

13) 天野富美夫, 食品衛生学, pp. 99-145, 南江堂 (2012)

14) 北海道保健福祉部健康安全局, 平成 23 年 4 月 11 日

15) 天野富美夫, 微生物と環境の相互作用, pp. 3-9, 学会出版センター (1999)

16) 天野富美夫, 齋藤典子, 工藤（原）由起子, 熊谷進, *Bacterial Adherence & Biofilm*, **24**, 93-98 (2010)

17) Morita Y., Kodama E., Ono K., Kumagai S., *Food Hyg. Saf. Sci.*, **52**, 299-303 (2011)

18) 天野富美夫, *Bacterial Adherence & Biofilm.*, **22**, 39-46 (2008)

# 4  *Helicobacter pylori* が形成するバイオフィルムの構造

米澤英雄*

## 4.1  はじめに

　ヒトが摂取した飲食物は，口から食道を経由して胃内に流入する。その後胃内に数時間程度とどまり，酸や消化酵素により消化される。このようにヒトの胃内は強酸下の状況であり，さらに分泌型 IgA を主体とした宿主免疫機構や，ラクトフェリン，リゾチームなどといった抗菌物質が存在していることからも，細菌にとっては至極過酷な環境である。したがってヒトの胃内には，細菌は存在できない，という説が一般的であった。その一方でヒトの胃内やイヌの胃内には，細菌特にらせん状細菌が存在しているという報告も数は少ないながらあった。1954 年，アメリカの病理学者である Eddy D Palmer は，1000 を超える胃生検標本を分析し，細菌の存在は認められないと発表したことで，胃内に細菌が存在するという説は完全に否定された。以後 30 年は，胃には口腔より通過する細菌が一時的には存在しても，そこに定着している細菌はいないと考えられ，胃の病変は胃酸による強酸が原因であると結論づけられていた。それでも一部の研究者はやはり胃の中には細菌が存在し，その細菌が胃の病変に関与しているのではないかと考えていた。そして 1982 年，オーストラリアの内科医である J Robin Warren と病理学者である Barry Marshall により *Helicobacter pylori*（以下ピロリ菌）が発見され，翌 1983 年に論文にて報告された[1]。発見当時は *Campylobacter pyloridis* と名付けられ，*Campylobacter pylori*，そして *Helicobacter pylori* へと名称が変更された。また発見者である Marshall は，胃炎患者から分離，培養したピロリ菌を自身が飲み，その数日後に吐き気を催し，2 週間後には嘔吐，腹部不快感などの症状を呈した。その後内視鏡による生検から，自身の胃内にピロリ菌が棲息していることを確認することで，ピロリ菌が急性胃炎の原因菌であることを，身をもって証明した。現在ピロリ菌は，慢性および急性胃炎および胃潰瘍・胃十二指腸潰瘍の原因菌であるとともに，十二指腸潰瘍の再発因子，胃がんのリスクファクターとして作用することが知られている。さらに本菌は胃 MALT リンパ腫での発症の原因であるだけでなく，特発性血小板減少性紫斑病や鉄欠乏性貧血などの胃外病変にも関与していることが明らかとなっている[2~4]。このようにピロリ菌の発見は，従来の胃・十二指腸疾患の発症メカニズムに関する概念を覆し，同疾患の病態解明のための新しい視点を与えただけでなく，本菌感染は胃を超えた全身への影響に関与していることが明らかとなった。

---

　＊　Hideo Yonezawa　杏林大学　医学部　感染症学　講師

第1章　バイオフィルムの構造と形成機構

## 4.2　ピロリ菌の細菌学的特徴とその病原性

　ピロリ菌はヒトの胃，特に幽門部に定着する細菌で，長さはおおよそ3μm，2から3回ゆるやかに右巻きにねじれたらせん状細菌である。3〜5%の酸素が存在する環境（微好気性細菌）で発育し，嫌気性および好気性環境下では発育しない。至適温度は37℃である。ピロリ菌はヒトの胃内という強酸環境下で生存しているが，至適pHは6〜8であり，それよりも低いもしくは高いpH環境では発育することは不可能である。ヒト胃内で棲息が可能であるのかというと，本菌はウレアーゼという酵素を産生し，それがヒトの胃内において胃上皮細胞由来の尿素を利用してアンモニアを作りだす。アンモニアはアルカリ性であり，結果として胃酸を中和し本菌の周囲は中性に保たれることで，本菌はヒト胃内という強酸下において定着を可能としている。

　本菌の培養には血液，ヘミン，デンプン，チャコールなどの添加物を必要とする。アミノ酸またはトリカルボン酸（TCA）回路の中間代謝物をエネルギー源とし，呼吸によりエネルギーを獲得する。栄養分の枯渇，嫌気または好気にさらされた状態，種々のストレス環境下にさらされたりすると，本菌はコッコイドフォーム（coccoid form）と呼ばれる球状の形態に変化する。コッコイドフォームは"生きてはいるものの培養ができない"状態であり，viable but non-culturabe（VBNC）と呼ばれる。現在まで，コッコイドフォームから通常の栄養型に変化させることは不可能であると言われている（いくつか球状型から栄養型に変化できたとの報告はあるものの，追試にてそれが確認できたという報告はない）。コッコイドフォームになることは，本菌の一種のsurvival formであると考えられている。

　ピロリ菌の主要な病原因子は酵素や毒素など多岐にわたる。ウレアーゼにより作られたアンモニアは，強い宿主細胞毒性を示すとともに，好中球ミエロペルオキシダーゼにより生ずる次亜塩素酸とアンモニアは反応し，細部毒性効果を有するモノクロルアミンが産生される[5]。また他のピロリ菌の病原因子としては，上皮細胞に空胞を形成し死に至らしめるタンパク毒素であるvacuolating cytotoxin（VacA），胃癌の発症に関与しているとされるcytotoxin-associated gene A（CagA）とCagAを細胞内に注入するためのⅣ型分泌装置を有する*cag*PAI，定着因子や熱ショックタンパクが挙げられ，多数の病原因子が複雑に関与しmultifactorial（多因子性）なメカニズムにより，ピロリ菌感染による胃粘膜障害は引き起こされるものと考えられている[6]。

## 4.3　ピロリ菌感染

　本邦におけるピロリ菌感染率に関する報告は多数なされている。2000年における報

告では，20代の感染率は約20%，40代で約60%，60代では約80%であった[7]ものの，2008年から5年間に渡る本邦の成人におけるピロリ菌感染率は30歳代で18%，40歳代で22.9%，50歳代で37.4%，60歳代で46.1%と減少している。また2010年および2011年にわたる0～8歳の本菌感染者は1.9%と非常に低い値であった[8]。本菌感染は年齢の上昇にしたがって陽性率も上昇することが知られている。また昭和30年ころまでの良好でない衛生状態の中で生まれ育った世代では，感染率が高いことが明らかとされている。本菌の感染経路は，口から口，つまりピロリ菌感染者の唾液を介して未感染者へ伝播すること，そして糞便中のピロリ菌が未感染者の口に何かしらの経路を伝って侵入することでおきる。本菌感染者のデンタルプラーク中にピロリ菌が検出され，感染源となっているとの報告が多数されている[9]。また環境，特に井戸水などの水を介した感染，家族内（特に兄姉から弟妹）・保育施設・心身障害者施設などの水平感染などが，感染様式として挙げられる。しかしながら夫婦間での伝播に関してはその可能性は低いと考えられている。こうした結果から多くのピロリ菌感染は，小児期に起こりやすいことを示唆している。胃が未熟である小児期では，ごく少量のピロリ菌の侵入で感染が成立してしまうことが考えられる。一方成人では適当なピロリ菌の菌数が感染成立には要求されるものの，一度感染が成立すると自然に除菌されるケースは非常にまれとなる。小児期の感染においては成長とともに胃酸分泌や免疫応答が成熟することで自然消失する場合があるものの，それらを潜り抜けたピロリ菌は自然消滅することなく感染者として除菌するまで本菌を保有し続ける。成人となってからの感染はまれであることから，年齢の上昇と，感染率の上昇がリンクしている。

### 4.4　ピロリ菌のバイオフィルム形成

　ピロリ菌はヒトの胃内のみで棲息し，他の動物や環境中には基本的には分布していないと考えられている。しかし環境中，特に井戸水内や給水管内，池や河川水などに本菌が存在していることが，発展途上国だけでなく先進国においても報告されている[9~15]。しかしピロリ菌にとってこうした環境中は，適した温度でない，他の細菌が存在する，ピロリ菌にとっての栄養物質が少ないなどの理由から，ピロリ菌にとっては容易に生存できる環境とは考えにくい。そこで着目されるのがバイオフィルム形成である。細菌が形成するバイオフィルムには，厳しい環境中において，細菌をその環境中に適合した形質に変化させ，細菌を生存させるという役割がある。しかしながらピロリ菌がこうした厳しい環境下で，増殖し，単独でバイオフィルムを形成することは難しいと考えられる。実際，給水管とそこに流れる水を使用して本菌を培養しても，菌の増殖は認めらいと報

第1章　バイオフィルムの構造と形成機構

告されている[16]。おそらくはこうした環境下にもともと存在しているような細菌が形成するバイオフィルムに取り込まれるような形で，複数細菌により形成されるバイオフィルムとして存在していると考えられる。環境中におけるピロリ菌の生存メカニズムの解明として，他の細菌との複合バイオフィルム形成に関する研究が期待される。

　ピロリ菌はヒト胃粘膜表層にバイオフィルムを形成して存在していることが報告された[17~19]。ピロリ菌感染者の胃生検標本を直接走化型電子顕微鏡で直接観察することで，ピロリ菌がバイオフィルムを形成していることをCarronらは報告した[17]。彼らはまたViable but no culturable型であるコッコイドだけでピロリ菌はヒト胃内でバイオフィルムを形成していると報告した[18]。その一方でCelliniらは，本菌の胃粘膜表層におけるバイオフィルム形成は，コッコイド型と，通常の栄養型であるヘリカル型が混じり合って凝集して存在していると報告している[19]。ピロリ菌は極めて高い遺伝子多様性を示し，その表現系にも違いを生じることが，こうしたバイオフィルム形成細菌の形態の違いに現れているのかもしれない。今後はピロリ菌のバイオフィルム形成と定着，病態，そして除菌療法への影響といった臨床的観点からの検討が必要であると考える。

## 4.5　ピロリ菌バイオフィルムの構造

　ピロリ菌のバイオフィルム研究は，主として実験室環境下における本菌のバイオフィルムを用いて行われている。ピロリ菌の in vitro バイオフィルム形成はStarkらによって最初に報告された[20]。彼らはピロリ菌を連続培養することで，不溶多糖含有のバイオフィルムを気相液相界面に形成することを報告した。その後Coleらは，臨床分離株を含む全てのピロリ菌がガラス表面気相液相界面部にバイオフィルムを形成することを報告した[21]。彼らは，ピロリ菌バイオフィルムは厚みを持ち，バイオフィルム中に栄養分の輸送のための channel が存在していることを報告している。現在まで，ピロリ菌は，微好気下，37℃，振盪条件下において液体培養の気体-液体境界部にバイオフィルムを形成することが報告されている。また静置培養で底面固形物質表層にバイオフィルムを形成することも報告されている。バイオフィルムが形成される素材としては，プラスチックやガラスの表面が確認されている。ピロリ菌のバイオフィルム形成には，3～7日間くらいの培養が必要とされることも報告されている。筆者らはピロリ菌株間における in vitro でのバイオフィルム形成能を比較し，日本人胃炎患者由来のTK1402株がガラス表面に非常に強いバイオフィルム形成能を持つことを報告した（図1）[22]。その構造は非常に厚みがある3次元構造体を呈し，菌体が密集したバイオフィルムを形成していた（図2）[23]。一方でSS1株を含む多くの株では，薄層の細菌が溶菌している形態を

バイオフィルム制御に向けた構造と形成過程

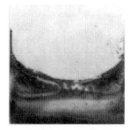  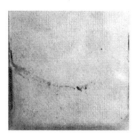

**図1　ガラス表面に形成したピロリ菌のバイオフィルム**
3日間培養して形成されたバイオフィルムをクリスタルバイオレットにて染色した写真。左はバイオフィルム形成能の強いTK1402株，中はSS1株，右はTK1402株のalpB遺伝子をノックアウトした株のバイオフィルムである。

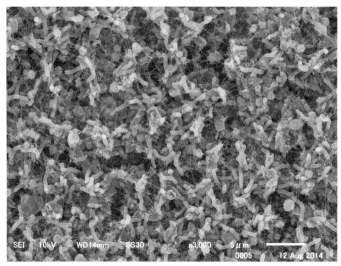

**図2　日本人患者由来のTK1402株のガラス表面に作られたバイオフィルムの走査型電子顕微鏡図**
その構造は厚みのある3次元構造体を呈する。

示すようなバイオフィルムであった。TK1402株が形成したバイオフィルムの電子顕微鏡観察像では，バイオフィルム中に膜小胞（アウターメンブレンヴェシクル（OMV））が多数存在していた（図3）。OMVはグラム陰性細菌が形成する生理的現象である菌体外物質であり，その菌種特有のリポポリサッカライド（LPS）やタンパク質だけでなく菌体外DNAやRNAも含んでいる。OMVが産生しにくいような培養条件下では，TK1402株のバイオフィルム形成は減少した。そこに本菌培養液より分離・精製したOMVを加えると，バイオフィルムの形成は増加したことから，本株のOMVはバイオ

第1章　バイオフィルムの構造と形成機構

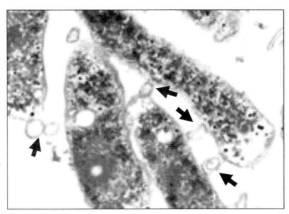

図3　ピロリ菌 TK1402株バイオフィルムの透過型電子顕微鏡画像
アウターメンブレンヴェシクル（OMV）が菌と菌をつなぎ合わしている像が確認できる。

フィルム形成に重要な役割をしていることが明らかとなった。透過型電子顕微鏡観察像より，OMV は菌体と菌体を接着させるような役割をしていた（図3）。さらに OMV 中に含まれている本菌外膜タンパク質 AlpB が，そのバイオフィルム形成に強く関与していることが報告された（図1右写真）[24]。AlpB は全てのピロリ菌が保有する外膜貫通型のタンパク質であり，そのアミノ酸配列も大部分が保存されている。しかしそのアミノ酸配列の一部には，これまでゲノム解析されたピロリ菌全てにおいて異なるアミノ酸配列を示すような多様性領域が存在する。この多様性領域が，バイオフィルム形成に強く関わっていることが報告された。Grande らはピロリ菌のバイオフィルムを構造するマトリックス因子として，細胞外の DNA がバイオフィルム構造を安定させていることを報告している[25]。彼らはまた，細胞外のマトリックスとなる DNA は，死んだ細菌から放出されたものではなく，OMV 中に含まれる DNA が放出されたことを証明した。Yang らは，ピロリ菌バイオフィルムの細胞外多糖の解析を行い，プロテオマンナンがマトリックス中に広く分布していることから，ピロリ菌バイオフィルムの重要な構成要素であること，またプロテオマンナンがピロリ菌バイオフィルム形成のプロセスにも関与していることを明らかとした[26]。一方でピロリ菌バイオフィルムの構造に関する研究報告は少なく，バイオフィルム研究の進んでいる他細菌と比べると，ピロリ菌のバイオフィルムの構造，そして細胞外マトリックスに関する研究は，まだはじまったばかりであると感じる。ピロリ菌のバイオフィルム研究の今後の発展を期待する。

## 4.6　最後に

　2000年に消化性潰瘍を対象としたピロリ菌除菌療法が保険適応となり，同年日本ヘリコバクター学会より，「*H. pylori* 感染の診断と治療のガイドライン」が発表された。さらに同学会は，2009年にピロリ菌感染症の診断と治療を適確に行える医師を養成するために認定制度を発足している。同制度によりピロリ菌感染症の適切な診療がスムーズに行われることが期待されている。しかしながらこれら制度の基準には，残念ながらピロリ菌のバイオフィルム形成という概念は含まれてはいない。2013年にピロリ菌感染胃炎が保険適応となり，ほぼ全てのピロリ菌感染者に対してピロリ菌除菌療法を保険適応にて行うことが可能となった。検診などでピロリ菌陽性と判定された患者が，ピロリ菌除菌を目的に来院している。プロトンポンプ阻害薬（PPI），アモキシシリン（amoxicillin，AMPC）およびクラリスロマイシン（clarithromycin，CAM）の3剤を用いた除菌治療が保険適応の除菌療法であり，多くの感染者が本除菌療法を受けてきた。保険適応当初は約90％以上の除菌率であったものの，近年では70％台の除菌成功率と低下している[27,28]ため，2007年8月に一次除菌療法不成功者に対してCAMの代わりにメトロニダゾール（metronidazole，MNZ）を使用した二次除菌療法が保険適応となった。一次除菌失敗の原因としてはCAM耐性菌の存在が挙げられている。ピロリ菌は遺伝子型が非常に多岐にわたり，また遺伝子変異が起こりやすい細菌である[29]。不適切な抗菌薬の投与や服用，そして服用の途中取りやめなどで，比較的容易に抗菌薬耐性を獲得してしまう。二次除菌で使用するMNZや，両除菌療法にて使用されているAMPC，そして二次除菌不成功者に対して行われている三次除菌の際に使用されているフルオロキノロン系抗菌薬に対する耐性菌の出現も報告されてきているのが現状である[30~32]。適切な除菌療法を行う上で，適切な薬剤感受性試験を行い，どんな薬剤に感受性であるのか，耐性であるのかについて知ることは非常に重要なことである。さらに本菌が形成するバイオフィルムがこれら抗菌薬抵抗性へどのように影響しているのか，またピロリ菌抗菌薬耐性化へ及ぼす影響を知ることも非常に重要である。さらにピロリ菌のバイオフィルム研究にて得られた知見を考慮して，本菌のバイオフィルム形成を制御する薬剤の開発することは，本菌の除菌療法の手助けになるとともに，本菌の抗菌薬耐性化の防御，そして除菌療法のさらなる成功に繋がると考えられる。イタリアのCammarotaらは，ピロリ菌バイオフィルムを標的とする薬剤，N-アセチルシステイン（NAC）を使用したクリニカルトライアル研究を行っている（図4）[33]。NACは黄色ブドウ球菌，緑膿菌，肺炎桿菌などに抗菌活性を持つ非抗生物質性抗菌薬であり，ピロリ菌のバイオフィルム形成の阻害，そして形成されたバイオフィルムを破壊するような作

第1章 バイオフィルムの構造と形成機構

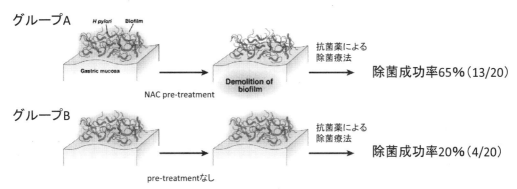

図4 ピロリ菌バイオフィルム阻害剤 N-アセチルシステイン（NAC）を用いた
　　クリニカルトライアル
ピロリ菌除に失敗した患者に対して，NACでpre-treatmentした後に抗菌薬および
プロトンポンプインヒビターで処置したグループ，および通常の抗菌薬およびプロ
トンポンプインヒビターのみ処置したグループでは，NACを用いたグループの方が
除菌成功率が高かった。
（文献31）より改変）

用をもっている。本トライアルでは，ピロリ菌除菌療法に複数回失敗している患者にNACを服用させ，その後に除菌療法を行うことで，除菌成功率を上昇させることができた。しかしピロリ菌のバイオフィルムを標的とした薬剤を用いた研究はこれだけであり，今後さらなる研究が必要である。

　ピロリ菌は世界中の約半数の人に感染しており，これら感染者は除菌をしない限りは一生本菌を胃内に持ち続ける。ピロリ菌が形成するバイオフィルムは，ヒト胃内という研究室環境からは予測できないような厳しい環境中で形成されるものである。このような環境下でのピロリ菌バイオフィルムを理解するためには，通常の試験管内におけるピロリ菌の知見に加えて，更なる特殊要因存在下でのバイオフィルム形成の検討も必要である。これらの検討で得られた知見を考慮したうえで，診断・治療・予防的な観点から本菌感染拡大の予防，さらなる除菌成功のための創薬が必要であると考える。

文　　献

1) Marshall B. J. and Warren J. R., *Lancet*, **4**, 1273-1275 (1983)

2) Hatakeyama M., *Nat. Rev. Cancer*, **4**, 688-694 (2004)

3) Gasbarrini A., Franceschi F., Tartaglione R., Landolfi R., Pola P., Gasbarrini G., *Lancet*, **12**, 878 (1998)

4) Dufour C., Brisigotti M., Fabretti G., Luxardo P., Mori P. G., Barabino A., *J. Pediatr. Gastroenterol. Nutr.*, **17**, 225-227 (1993)

5) Suzuki H., Mori M., Suzuki M., Sakurai K., Miura S., Ishii H., *Cancer Lett.*, **19**, 243-248 (1997)

6) Basso D., Plebani M., Kusters J. G., *Helicobacter*, **15**, Suppl 1, 14-20 (2010)

7) Kikuchi S., Nakajima T., Kobayashi O., Yamazaki T., Kikuichi M., Mori K., Oura S., Watanabe H., Nagawa H., Otani R., Okamoto N., Kurosawa M., Anzai H., Kubo T., Konishi T., Futagawa S., Mizobuchi N., Kobori O., Kaise R., Sato T., Inaba Y., Wada O., *Jpn. J. Cancer Res.*, **91**, 774-779 (2000)

8) Okuda M., Osaki T., Lin Y., Yonezawa H., Maekawa K., Kamiya S., Fukuda Y., Kikuchi S., *Helicobacter*, **20**, 133-138 (2015)

9) Klein P. D., Graham D. Y., Gaillour A., Opekun A. R., Smith E. O., Gastrointestinal Physiology Working Group, *Lancet*, **22**, 1503-1506 (1991)

10) Watson C. L., Owen R. J., Said B., Lai S., Lee J. V., Surman-Lee S. *et al.*, *J. Appl. Microbiol.*, **97**, 690-698 (2004)

11) Hegarty J. P., Dowd M. T., Baker K. H., *J. Appl. Microbiol.*, **87**, 697-701 (1999)

12) Horiuchi T., Ohkusa T., Watanabe M., Kobayashi D., Miwa H., Eishi Y., *Microbiol. Immunol.*, **45**, 51551-51559 (2001)

13) Imanishi Y., Ogata T., Matsuzuka A., Tasaki T., Fujioka T., Akashi M. *et al.*, Kansenshogaku Zasshi., **77**, 18-23 (2003)

14) Lu Y., Redlinger T. E., Avitia R., Galindo A., Goodman K., *Appl. Environ. Microbiol.*, **68**, 1436-1439 (2002)

15) Moreno Y., Botella S., Alonso J. L., Ferrús M. A., Hernández M., Hernández J., *Appl. Environ. Microbiol.*, **69**, 1181-1186 (2003)

16) Azevedo N. F., Guimarães N., Figueiredo C., Keevil C. W., Vieira M. J., *Crit. Rev. Microbiol.*, **33**, 157-169 (2007)

17) Carron M. A., Tran V. R., Sugawa C., Coticchia J. M., *J. Gastrointest Surg.*, **10**, 712-717 (2006)

18) Coticchia J. M., Sugawa C., Tran V. R., Gurrola J., Kowalski E., Carron M. A., *J. Gastrointest Surg.*, **10**, 883-839 (2006)

19) Cellini L., Grande R., Di Campli E., Traini T., Giulio M. D., Lannutti S. N. *et al.*, *Scand. J. Gastroenterol.*, **43**, 178-185 (2008)

第 1 章　バイオフィルムの構造と形成機構

20) Stark R. M., Gerwig G. J., Pitman R. S., Potts L. F., *Lett. Appl. Microbiol.*, **28**, 121-6 (1999)

21) Cole S. P., Harwood J., Lee R., She R., Guiney D. G., *J. Bacteriol.*, **186**, 3124-32 (2004)

22) Yonezawa H., Osaki T., Kurata S., Fukuda M., Kawakami H., Ochiai K., Hanawa T., Kamiya S., *BMC Microbiol.*, **15**(9), 197 (2009)

23) Yonezawa H., Osaki T., Kurata S., Zaman C., Hanawa T., Kamiya S., *J. Gastroenterol. Hepatol.*, **25**, Suppl 1, S90-4 (2010)

24) Yonezawa H., Osaki T., Fukutomi T., Hanawa T., Kurata S., Zaman C., Hojo F., Kamiya S., *J. Bacteriol.*, **28**, 199(6) (2017)

25) Grande R., Di Giulio M., Bessa L. J., Di Campli E., Baffoni M., Guarnieri S., Cellini L., *J. Appl. Microbiol.*, **110**, 490-8 (2011)

26) Yang F. L., Hassanbhai A. M., Chen H. Y., Huang Z. Y., Lin T. L., Wu S. H., Ho B., *Helicobacter*, **16**, 89-98 (2011)

27) Asaka M., Kato M., Takahashi S. *et al.*, *Helicobacter*, **15**, 1-20 (2010)

28) Gatta L., Vakil N., Vaira D. *et al.*, *BMJ.*, **7**, f4587 (2013)

29) Kraft C., Suerbaum S., *Int. J. Med. Microbiol.*, **295**, 299-305 (2005)

30) Graham D. Y., Lee Y. C., Wu M. S., *Clin. Gastroenterol. Hepatol.*, **S1542**, 00773-8 (2013)

31) Nishizawa T., Suzuki H., Tsugawa H. *et al.*, *Clin. Gastroenterol. Hepatol.*, **S1542**, 00773-8 (2013)

32) Yamade M., Sugimoto M., Uotani T. *et al.*, *J. Gastroenterol. Hepatol.*, **26**, 1457-1461 (2011)

33) Cammarota G., Branca G., Ardito F., Sanguinetti M., Ianiro G., Cianci R., Torelli R., Masala G., Gasbarrini A., Fadda G., Landolfi R., Gasbarrini G., *Clin. Gastroenterol. Hepatol.*, **8**, 817-820 (2010)

# 5 乳酸菌バイオフィルムの構造と特徴

久保田浩美*

## 5.1 はじめに

　乳酸菌とは，消費したブドウ糖に対して乳酸を 50％以上産生するグラム陽性の桿菌または球菌で，カタラーゼ陰性，内生胞子を形成しない，運動性は持たない（まれに若い細胞で示すものがある），ビタミン B 群のうちナイアシンを必須要求する等の特徴を持つ細菌と定義される[1]。代表的な属としては，桿菌である *Lactobacillus* 属，球菌である *Lactococcus* 属，*Pediococcus* 属，*Leuconostoc* 属のほか，腸球菌である *Enterococcus* 属，あるいは齲蝕原因菌も含む *Streptococcus* 属等が挙げられる。*Lactobacillus* 属，*Lactococcus* 属，*Pediococcus* 属，*Leuconostoc* 属等の乳酸菌は，古くからヨーグルト，チーズ，漬物，発酵ソーセージ等の発酵食品の製造に利用されてきた。発酵食品中ではバクテリオシンの生産，香りや風味の付加等にも寄与している。また，プロバイオティクスとしても有用な微生物であることも知られている[2]。しかしながら，一方で，このような乳酸菌は食品における変敗，異臭，あるいはパッケージの膨張を引き起こす「変敗菌」，「汚染菌」，あるいは「危害菌」としてもよく知られており[3,4]，食品業界では重要な制御対象菌として古くより注意を払ってきた。

　乳酸菌による食品の変敗や汚染の例としては，清酒における「火落ち」（製成酒に乳酸菌が繁殖して濁る事）がよく知られている。これは火落ち菌といわれる *Lactobacillus homohiochi*，*Lactobacillus hetrohiochi*（*Lactobacillus fructivorans*）等の混入[4,5]によるもので，アルコール含量が低いとよりおこり易い。ビールやワインへの混入菌としての報告[3,4,6]もある。また乳酸菌を利用して製造するチーズ，ヨーグルト，漬物において混入乳酸菌がそれらの風味を損なわせる[3,4,7]。味噌においてはパッケージの膨張の原因菌としての報告がある[3,4,8]。また，酢[9]，マヨネーズ[10]，ドレッシング[10]，ピクルス[11]，マリネ[12]等の酸性の食品，ソーセージ等の食肉加工品やかまぼこ等の魚肉加工品[3,4]，あるいは醤油やつゆにおける変敗菌[3,4,13]として多くの報告がなされている。これら食品の変敗や汚染を乳酸菌が引き起こす理由としては，乳酸菌が環境ストレスに対し高い耐性を有することが挙げられる。すなわち食品製造における重要な制御因子である酸[9~12]，エタノール[14]，塩[13]，熱[14]等に対して，またビールにおいてはホップ[15]に対して，乳酸菌は非常に高い耐性を有することから危害を引き起こしやすいと考えられている。このような乳酸菌は，原料あるいは工場内の環境から食品に混入すると考えら

---

　＊　Hiromi Kubota　花王㈱　スキンケア研究所　主席研究員

第1章 バイオフィルムの構造と形成機構

れ，原料や製造環境の微生物管理には非常に注意を払う必要がある。

## 5.2 乳酸菌汚染対策とバイオフィルム

　食品業界において処方設計や製造管理を行う際に必要な微生物試験（殺菌性試験，抗菌性試験，耐菌性試験等）では，一般的に液体培養で得られた，いわゆる浮遊の状態の微生物を対象の液中に懸濁させて評価を行う。このような試験結果と各社各様に長年培ってきたノウハウや経験を踏まえ，適切な処方設計や製造管理を行うことにより，製品の微生物学的な品質が保証される。危害菌として乳酸菌が想定される場合も同様である。

　一方，環境中では微生物が何らかの表面にバイオフィルムを形成して存在している場合が多く，このようなバイオフィルム状態においては浮遊の状態よりも熱や薬剤等の環境ストレスに対する耐性が高い事も知られている。微生物制御の観点でも，対象の微生物を液中に懸濁させた状態で処方や薬剤の評価をするだけではなく，実際に環境に存在している状態を反映させた評価も重要であると考えられており，例えば，ASTM International（旧称：米国試験材料協会，American Society for Testing and Materials）では，バイオフィルム状態の緑膿菌を対象とした消毒剤の効果を評価する方法が規格化されている（ASTM E2799-17, E2871-13）。乳酸菌においても，環境中では動植物等に付着し，さらにバイオフィルム状態で存在している可能性，バイオフィルムを形成することにより様々な環境ストレスや薬剤に対する耐性が向上している可能性が容易に想像される。そのため，付着やバイオフィルム形成過程，バイオフィルム状態での耐性の変化を把握することと，得られた知見により適切な評価を行い，対応策をとることが望まれる。食品分野において危害菌の存在状態を加味した適切な制御を行うことは，製品の微生物学的安全性を確保することにとどまらず，過剰な制御による味や風味の低下を回避し，商品設計や製造方法の幅を増やすことにもつながると考えられる。

## 5.3 野菜上の微生物の存在状態[16〜18]

　筆者らは実際に食品原料上にどのような乳酸菌がどのような状態で存在する可能性があるかということを調査するために，食品業界で一年を通して安定的に流通している野菜の一つであるタマネギを取り上げ，タマネギ上の微生物の存在状態を走査型電子顕微鏡（SEM）で観察した[16,17]。図1にタマネギの鱗葉の表面上に様々な菌が付着している様子の一例を示す。また，種々の原料タマネギからは，MRS（De Man, Rogosa, Sharpe）培地を用いて *Lactobacillus* 属では *Lactobacillus plantarum*, *Lactobacillus*

*47*

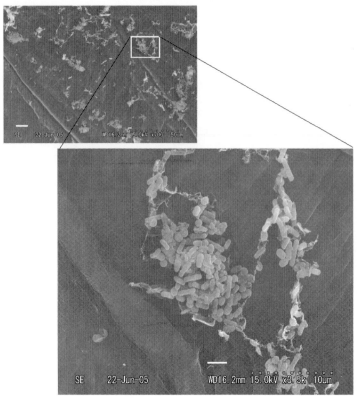

図1 タマネギ表層の SEM 観察[16,17]
スケールバー：上図, 10 μm；下図, 2 μm

*brevis*, *Lactobacillus paracasei*, *Lactobacillus rossiae* が, *Lactobacillus* 属以外では, *Lactococcus lactis*, *Leuconostoc lactis*, *Leuconostoc citreum*, *Enterococcus faecium*, *Weissella cibaria* および *Weissella confusa* が分離された[18]。

### 5.4 乳酸菌バイオフィルムの形成[17,18]

次に，O'Toole ら[19]の手法を参考にして乳酸菌のバイオフィルム形成能の評価を実施した。すなわち，親水化処理を施した 96 穴マイクロプレート用い，各ウエル内に入れた MRS 培地に，菌を接種後，マイクロプレート用フィルムを貼り付けた状態で1～7日間，35℃で静置培養した。培養後に培地を静かに取り除いた後にウエル上に残ったものをバイオフィルムとし，0.1%クリスタルバイオレット（CV）水溶液で染色した。その後，染色液を取り除き，静かに洗浄した後に残った CV を一定量のエタノールにより溶出し，そのエタノール溶液の吸光度（$A_{595}$）により形成量を評価した。

第1章　バイオフィルムの構造と形成機構

　実際にタマネギより分離された乳酸菌43株および標準株である *L. plantarum* subsp. *plantarum* JCM1149, *L. brevis* JCM1059, *L. fructivorans* JMC1117 を用いて評価したところ，供試した全ての乳酸菌がポリスチレン（親水化処理）上にバイオフィルムを形成した[18]。このことは，タマネギ等の野菜表面に存在するような乳酸菌種も条件が整えば物質の表面に付着し，バイオフィルムを形成する可能性があることを示唆しており，食品の製造においては，原料，あるいは製造ライン等に危害となるような乳酸菌がバイオフィルム状態で存在する可能性も考えられた。

## 5.5　乳酸菌バイオフィルムの構造[17,18]

　バイオフィルム構造の観察用には，Sturmeら[20]の手法を参考に，丸型カバーガラス上にバイオフィルムを調製した。すなわち，24穴のマイクロプレートのウエルの底部に滅菌カバーガラスを設置し，MRS培地を注入した。菌を接種後プレート上部にマイクロプレート用フィルムを貼り，35℃で2日間静置培養した。培養後に培地を静かに取り除き，バイオフィルムが形成されているカバーガラスごと観察に用いた。

　*L. plantarum* subsp. *plantarum* JCM1149, *L. brevis* JCM1059, *L. fructivorans* JMC1117 について液体培養後の菌体（浮遊の状態）およびカバーガラス上に形成したバイオフィルムをSEMを用いて観察した[18]。代表的な画像を図2に示す。所定の条件で液体培養後の浮遊状態の菌を観察した場合，*L. plantarum* subsp. *planatrum* JCM1149, *L. brevis* JCM1059では2～3μmの桿菌，*L. fructivorans* JMC1117は，7～12μmの桿菌であった。これに対して，これらの菌株をカバーガラス上でバイオフィルム状態になるように培養した場合，*L. plantarum* subsp. *planatarum* JCM1149では菌体の大きさや形状の変化はみとめられなかったものの，*L. brevis* JCM1059では一部の菌体が伸長し，*L. fructivorans* JMC1117では，ほとんどの菌体が20μm以上に伸長して絡まりあって存在していた。バイオフィルム全体の様子としては，*L. plantarum* subsp. *planatrum* JCM1149 および *L. brevis* JCM1059では，菌体が重なるように均一な厚さ（10～20μm）で付着している様子が観察された。一方，*L. fructivorans* JMC1117を肉眼観察するとセロハン様のバイオフィルム形成が観察され，SEM観察では20μm以上に伸長した菌体が絡まりあって存在している様子が観察された。また，菌体外に糸状の物質が存在している様子も観察された。この様子は，MRS培地よりも1/10に希釈したMRS培地で顕著であった。

(1) *Lactobacillus plantarum* subsp. *plantarum* JCM1149

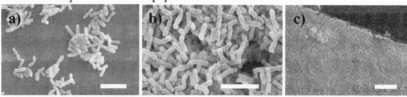

(2) *Lactobacillus brevis* JCM1059

(3) *Lactobacillus fructivorans* JCM1117

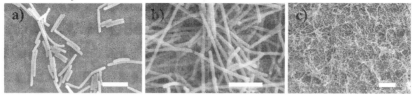

図2 (1) *Lactobacillus plantarum* subsp. *plantarum* JCM1149, (2) *Lactobacillus brevis* JCM1059, および (3) *Lactobacillus fructivorans* JCM1117の浮遊状態及びバイオフィルム状態の代表的なSEM像[18]

(1) および (2) はMRS broth, (3) は1/10 MRS brothにて35℃で5日間培養した。
a) 浮遊状態の菌体, b) バイオフィルム状態の菌体, および c) バイオフィルム表面の状態を示す。
スケールバー：a) 5 μm；b) 5 μm；c) 50 μm

## 5.6 乳酸菌バイオフィルムのストレス耐性[17,18,21]

　乳酸菌の適切な制御を行うためには，バイオフィルム形成によるストレス耐性の変化を把握することが重要である。そこで，供試菌の中で最もバイオフィルム形成量が多かった *L. plantarum* subsp. *plantarum* JCM1149を用いて，カバーガラス上に形成させたバイオフィルムについて，食品製造や処方設計における制御因子とされている種々の有機酸，エタノール，および次亜塩素酸ナトリウムに対する耐性を評価した[21]。

　まず酸性の食品を想定してpH3付近での酢酸（50 mM 酢酸ナトリウム水溶液に溶解）中での4.5～24時間培養の浮遊菌（対数増殖期，定常期）および，24時間培養後のバイオフィルムの耐性を評価した（図3）。浮遊菌では，対数増殖期に比べ，定常期での耐性が顕著に高く，同様にバイオフィルム状態でも高い耐性を有していることが明

第1章 バイオフィルムの構造と形成機構

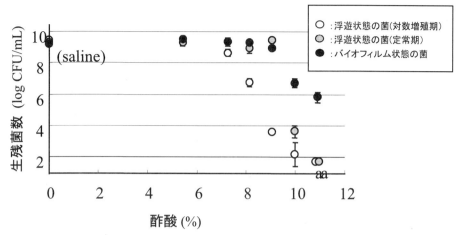

図3 *Lactobacillus plantarum* subsp. *plantarum* JCM1149株の浮遊状態および
バイオフィルム状態における酢酸（pH3.3～2.9に調整）耐性[21]
a：検出限界以下

らかになった。添加した酢酸濃度が10％付近より高くなるとバイオフィルム状態の菌が浮遊菌のいずれのフェーズに比べても顕著に高い耐性を示していた。

次に食品に添加される種々の有機酸溶液中で，浮遊状態（対数増殖期，定常期）およびバイオフィルム状態においてその耐性を比較した（図4）。2.7～27％(v/v)酢酸水溶液(pH2.5～1.7)（図4(1)），4.6～27％(w/v)クエン酸水溶液(pH2.0～1.4)（図4(2)），0.9～20％(w/v)乳酸水溶液(pH2.3～1.5)（図4(3)），2.7～18％(w/v)リンゴ酸水溶液(pH2.1～1.5)（図4(4)）のいずれの場合も，浮遊菌では，対数増殖期に比べ定常期

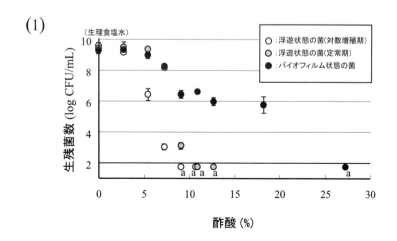

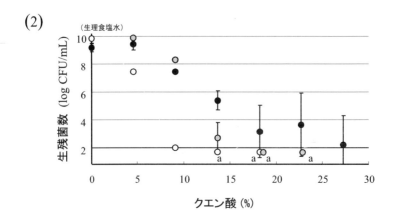

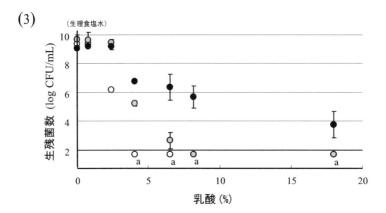

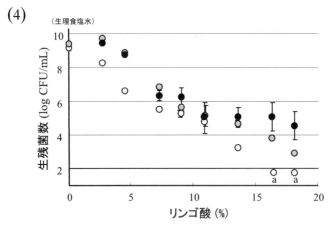

図4 浮遊状態およびバイオフィルム状態における有機酸耐性[21]
(1) 2.7〜27%(v/v)酢酸水溶液(pH2.5〜1.7)，(2) 4.6〜27%(w/v)クエン酸水溶液(pH2.0〜1.4)，(3) 0.9〜20%(w/v)乳酸水溶液(pH2.3〜1.5)，(4) 2.7〜18%(w/v)リンゴ酸水溶液(pH2.1〜1.5)で30分処理後の生残菌数を示した。
a：検出限界以下

# 第1章　バイオフィルムの構造と形成機構

での耐性が高く，バイオフィルム状態の菌は，浮遊状態の菌の対数増殖期および定常期のいずれの場合に比べても高い有機酸耐性を示していた。浮遊菌とバイオフィルム状態での耐性の違いは酢酸あるいは乳酸水溶液中で特に顕著に認められた。

エタノール，次亜塩素酸ナトリウムに対する耐性を図5に示した。エタノールおよび次亜塩素酸ナトリウムに対しても浮遊菌では定常状態のほうが対数増殖期より高い耐性を有し，さらに20%以上のエタノールに対する耐性はバイオフィルム状態が浮遊状態に比べて明らかに高い耐性を有していた（図5(1)）。また，次亜塩素酸ナトリウムにおいては低濃度（有効塩素濃度10 ppm付近）からバイオフィルム状態において顕著に高い耐性を有していた（図5(2)）。

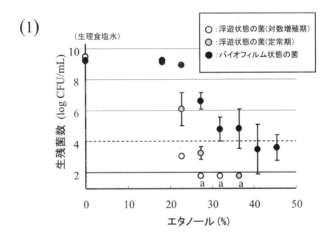

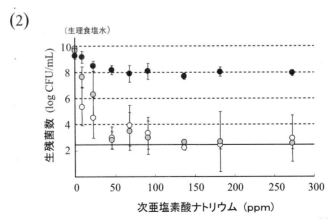

図5　浮遊状態およびバイオフィルム状態における薬剤耐性[21]
(1) エタノールで60分，(2) 次亜塩素酸ナトリウムで10分処理後の生残菌数を示した。
a：検出限界以下

## バイオフィルム制御に向けた構造と形成過程

　乳酸菌がバイオフィルム状態において環境ストレスに対し高い耐性を発揮する場合の菌体の状態を探るために，酢酸やエタノールに接触させた際の菌体について SEM 観察を行った[18]。代表的な SEM 画像を図6に示す。浮遊菌を10％酢酸（図6(2)）や30％エタノール（図6(3)）にてそれぞれ30分，60分の処理を行った場合には，コントロールとして用いた生理食塩水で60分処理した場合（図6(1)）と比べ，細胞表層の顕著な損傷が目立った。特に30％エタノール処理を行った場合には，視野内に存在する菌数

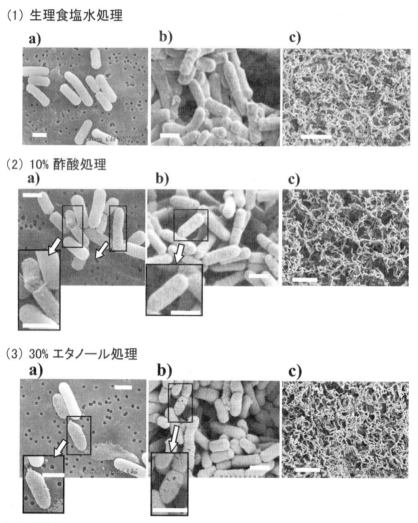

図6　耐性試験後の *Lactobacillus plantarum* subsp. *plantarum* JCM1149株の SEM 観察[18]
(1) 生理食塩水で60分，(2) 10％酢酸で30分，(3) 30％エタノールで60分処理した。
a) 浮遊状態の菌，b) バイオフィルム状態の菌，c) バイオフィルム表面の観察像である。
スケールバー：a) 5 $\mu$m；b) 5 $\mu$m；c) 50 $\mu$m

第1章　バイオフィルムの構造と形成機構

が顕著に減少し，存在している菌体の損傷の程度も著しく大きかった。一方，バイオフィルムにおいては10％酢酸に接触させた場合の細胞表層に大きな損傷はほとんど認められず，30％エタノールに接触させた場合においても大きく損傷している菌の数は少なかった。またバイオフィルム全体を観察すると，10％酢酸に接触させた場合はバイオフィルム全体の表面の凹凸が目立ち，30％エタノールに接触させた場合はより平坦であった。バイオフィルム中では外側の菌体が酢酸やエタノールにより損傷し，その際に損傷した菌体が耐性試験中に脱離した，あるいは試験中に脱離した菌体があるものの，集合体を作っている菌体の多くは薬剤の影響を受けなかったという可能性が考えられた。そこで酢酸耐性試験後に浮遊状態となっていた菌体（試験中に脱離した菌体）を回収して同様に観察を行ったところ，バイオフィルムから脱離した菌体はバイオフィルムを構成する菌体に比べ損傷した菌の割合が高いことも判明した。これらのことはガラス面への付着や菌体同士の付着が耐性の発現に重要であることを示唆している。

## 5.7　タマネギから分離した乳酸菌のバイオフィルムにおけるストレス耐性

　食品の原料となるタマネギからの分離した *L. plantarum* M606 株を用いて 24 時間培養したバイオフィルムおよび同じ時間培養した浮遊状態の菌体について酢酸耐性とエタノール耐性を評価した[18]（図7）。その結果，生理食塩水中で 30 分処理をした場合は，バイオフィルムと浮遊の状態での生存率はほとんど変わらなかったのに対して，10％，11％の酢酸で 30 分処理した場合には，バイオフィルム状態の菌体は浮遊状態に比べ非常に高い生残率を有していた。また，エタノールで 60 分処理した場合は 30％，40％のエタノール濃度で，バイオフィルム状態の菌の生存率が顕著に高かった。

　一方，タマネギから分離した *L. plantarum* 4 菌株において2種類のコロニー形態①大きさが比較的小さく粘着性の低いコロニー（Compact colony）と②粘着性のあるコロニー（Mucoid colony）が観察された[22]。この形質は環境からの単離株に特有の性質であることが示唆されている。他種の菌において，コロニー形態の変化に依存してバイオフィルムの構造や性質が変化することが報告されており[23~25]，*L. plantarum* においてもそれぞれのコロニー形態をとる場合ではバイオフィルムの構造やストレス耐性が異なる可能性が考えられた。また Compact colony と Mucoid colony は可逆的に相変異することも示唆されており，何らかの環境の変化と関連してその存在比の変化，バイオフィルムの構造の変化，ストレス耐性の変化が起こる可能性も考えられ，詳細な解析が待たれる。

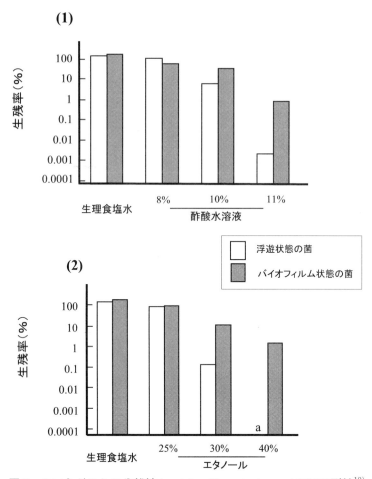

図7 タマネギからの分離株 *Lactobacillus plantarum* M606の耐性[18]
(1) 酢酸水溶液で30分,(2) エタノール水溶液で60分処理後の生残率を示した。
a:検出限界以下

## 5.8 終わりに

　本節では食品製造時に重要な制御対象菌となる乳酸菌の適切な制御を目指すために対象となる乳酸菌のバイオフィルム構造やバイオフィルム状態での特性を解析した例を紹介した。代表的な危害菌の一つである *Lactobacillus* 属の標準株や原料からの分離株はバイオフィルム状態では同時間培養に供した浮遊状態の菌に比べて高い耐性を有することが明らかとなり,食品分野での乳酸菌制御の場面においてバイオフィルム視点での制御の重要性が示された。

　一方,これらの知見は他の多くのバイオフィルム研究と同様,単一の菌種を用いてプラスチック製のマイクロプレートやガラス上にモデル的に形成させたモデルバイオフィ

第1章　バイオフィルムの構造と形成機構

ルムから得られたものである。近年，様々な菌種において複数種の混合バイオフィルムモデルを用いた研究や，実際に存在していた基剤（例えば，ステンレス板，植物の葉，歯等）に直接バイオフィルムを形成させる試みも多くなされている。乳酸菌が実際の食品原料や製造環境においてどのように存在しているかについてより詳細に解析を進めるとともに，生存状態により近づけたバイオフィルムモデルによる評価も望まれる。

　また本節では主に食品製造時における制御対象乳酸菌としての*Lactobacillus*属のバイオフィルムを対象に述べてきた。このほか，*Lactobacillus*属では，様々な病原菌からの保護の役割をする膣内の*Lactobacillus*属細菌[26]，プロバイオティクスとして有益な*Lactobacillus rhamnosus*[27]，*Lactobacillus reuteri*[28]等でバイオフィルムに関する研究がなされている。また*Lactobacillus*属以外においても深く研究されており，例えば，腸球菌である*Enterococcus*属では，バイオフィルム形成に関与する遺伝子が既にレビューされている[29]他，バイオフィルム状態での消毒剤の効力試験に関する報告[30]もある。*Streptococcus*属については，齲蝕原因菌あるいは口腔バイオフィルム構成菌として古くより多くのバイオフィルム研究が行われている。第3章第2項や成書[31]等も参考にされたい。乳酸菌と他の菌種との混合バイオフィルムに関する研究としては，口腔内細菌以外でも，*Listeria monocytogenes*と*L. plantarum*[32]，様々な乳酸菌と*Saccharomyces cerevisiae*[33]，*Lactobacillus pentosus*と*Candida boidinii*[34]等の報告がある。


# 文　　　献

1)　日本乳酸菌学会，乳酸菌とビフィズス菌のサイエンス，p. 9, 京都大学学術出版会 (2010)

2)　日本乳酸菌学会，乳酸菌とビフィズス菌のサイエンス，pp. 495-550, 京都大学学術出版会 (2010)

3)　内藤茂三，日本防菌防黴学会誌，**27**, 171 (1999)

4)　食品腐敗変敗防止研究会編集，食品変敗防止ハンドブック，pp. 83-97, サイエンスフォーラム (2006)

5)　伊藤武，森地敏樹編集，食品のストレス環境と微生物，pp. 194-196, サイエンスフォーラム (2004)

6)　伊藤武，森地敏樹編集，食品のストレス環境と微生物，pp. 196-200, サイエンス

フォーラム（2004）

7) E. B. Somers *et al.*, *J. Dairy Sci.*, **84**, 1926 (2001)

8) 新国佐幸ほか，日本食品科学工学会誌，**43**，910 (1996)

9) 円谷悦造，塚本義則，日本醸造協会誌，**95**，39 (2000)

10) C. P. Kurtzman *et al.*, *Appl. Microbiol.*, **21**, 870 (1971)

11) J. M. Sheneman and R. N. Costilow, *Appl. Environ. Microbiol.*, **3**, 186 (1955)

12) U. Lyhs *et al.*, *Int. J. Food Microbiol.*, **64**, 335 (2001)

13) 末澤保彦ほか，香川食品誌年報，**86**，29 (1993)

14) M. A. Casadei *et al.*, *Int. J. Food Microbiol.*, **63**, 125 (2001)

15) K. Sakamoto and W. N. Konings, *Int. J. Food Microbiol.*, **89**, 105 (2003)

16) 継国孝司ほか，医学生物学電子顕微鏡技術学会誌，**22**，78 (2008)

17) 久保田浩美，環境バイオテクノロジー学会誌，**10**，27 (2010)

18) H. Kubota *et al.*, *J. Biosci. Bioeng.*, **106**, 381 (2008)

19) G. A. O' Toole *et al.*, *Methods Enzymol.*, **310**, 91 (1999)

20) M. H. J. Sturme *et al.*, *J. Bacteriol.*, **187**, 5224 (2005)

21) H. Kubota *et al.*, *Food Microbiol.*, **26**, 592 (2009)

22) 江橋由夏ほか，*Bacterial Adherence & Biofilm*, **30**, 25 (2016)

23) Y. Guo and D. A. Rowe-Magnus, *Infect. Immun.*, **78**, 1390 (2010)

24) E. E. Mann and D. J. Wozniak, *FEMS Microbiol. Rev.*, **36**, 893 (2012)

25) R. W. Shepherd and S. E. Lindow, *Appl. Environ. Microbiol.*, **75**, 45 (2009)

26) G. Ventolini, *Int. J. Women' s Health*, **7**, 243 (2015)

27) S. Lebeer *et al.*, *Appl. Environ. Microbiol.*, **73**, 6768 (2007)

28) S. E. Jones and J. Versalovic, *BMC Microbiol.*, **9**, 35 (2009)

29) J. A. Mohamed and D.B. Huang, *J. Med. Microbiol.*, **56**, 1581 (2007)

30) M. T. Arias-Moliz *et al.*, *Int. Endod. J.*, **48**, 1188 (2015)

31) 花田信弘監修，ミュータンス連鎖球菌の臨床生物学　臨床家のためのマニュアル，クインテッセンス出版 (2003)

32) S. van der Veen and T Abee, *Int. J. Food Microbiol.*, **144**, 421 (2011)

33) S. Furukawa *et al.*, *Biosci. Biotechnol. Biochem.*, **79**, 681 (2015)

34) Á. León -Romero *et al.*, *Appl. Environ. Microbiol.*, **82**, 689 (2016)

# 6 バイオフィルム形成と Quorum Sensing 機構

池田　宰[*]

## 6.1 はじめに

　細菌が形成するバイオフィルムは，細菌感染症の温床となったり，配管内や排水口など水周りの汚染源となったりと，医療や環境，そして，産業の分野などで大きな問題になっている。しかし，現在のところ，形成したバイオフィルムへの対策としては，強力な薬剤を用いる化学的除去方法や物理的に剥離する方法のみが有効であり，さらに，細菌によるバイオフィルム形成を阻害する手法としては，やはり薬剤を用いた手法以外はあまり有効な手段が無い。したがって，バイオフィルムに対する，有効な発生抑制，除去，洗浄方法の技術開発が多方面から求められている。このような背景のもと，近年，細菌によるバイオフィルム形成と微生物間情報伝達機構である Quorum Sensing 機構との関係が明らかになり，新たな展開を見せている。本節では，Quorum Sensing 機構，および，Quorum Sensing 機構と細菌によるバイオフィルム形成の関係，さらに，その知見をもとにしたバイオフィルム形成阻害技術について紹介する。

## 6.2 Quorum Sensing 機構

　原核単細胞生物である細菌は，地球上で最も単純な生物であるが，さまざまな機構を駆使して過酷な環境下での生存戦略をとっている。その中で，ヒトを中心とした高等生物のみの機能と考えられてきた「言葉」を用いた個体間での情報伝達機構（コミュニケーション機能）を細菌も有していることが明らかとなってきている。細菌は，「言葉」として，自らが生産し菌体外に放出する化学物質（シグナル物質）を用いており，一方，シグナル物質（言葉）を受け取る受容体（レセプタータンパク質）を「耳」として用いている。シグナル物質の濃度の増加を周囲の菌体密度の上昇として感知し，特定の機能の制御を行っている。細菌の集団的行動，とも見ることができる機構である。

　このような細菌におけるコミュニケーション機能を Quorum Sensing 機構と呼んでいる[1]。"Quorum" とは，定足数を意味する法律用語であり，一定数以上の周囲の仲間の数，すなわち，菌体密度をセンシングして応答する機構であることから名付けられている。細菌は，この Quorum Sensing 機構により，菌体発光や物質生産，病原性の発現など，さまざまな機能の制御を行っていることが明らかとなってきている。Quorum Sensing 機構の模式図を図1に示す。グラム陽性細菌とグラム陰性細菌とでは，シグナ

---

　＊　Tsukasa Ikeda　宇都宮大学　理事，副学長

バイオフィルム制御に向けた構造と形成過程

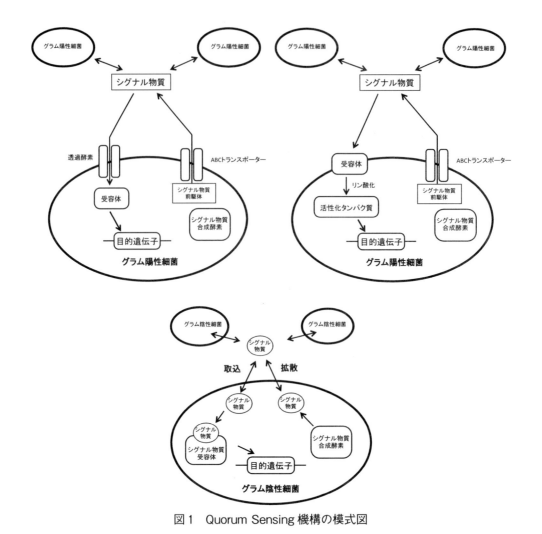

図1　Quorum Sensing 機構の模式図

ル物質の受容機構に差異があるが，いずれの場合も，菌体密度が低い場合は，放出されるシグナル物質の濃度が低く，Quorum Sensing 制御下にある活性も低い。細菌が増殖，集合して，菌体密度が高くなると，シグナル物質の濃度も上昇し，Quorum Sensing 制御下の活性も高くなる。なお，原則として，細菌自身の生死や増殖に関わる機構については，自らの Quorum Sensing の制御下にはない。したがって，Quorum Sensing 機構を抑制，制御しても，その細菌自身の生死，増殖には基本的に影響が起こらない。これは，言い換えれば，Quorum Sensing を制御することで，Quorum Sensing 制御下の活性のみを抑制，制御することが可能となるということである。これまで，医学分野において Quorum Sensing に関する研究が進んでいるが，これは，病原性細菌による病原性

第1章 バイオフィルムの構造と形成機構

の発現や感染症の多くが Quorum Sensing により制御されていることに加えて，現在，大きな問題となっている抗生物質に対する耐性菌出現への対応技術として期待されているからである。すなわち，Quorum Sensing を制御することにより，細菌を殺すことなく，Quorum Sensing 制御下の病原性のみを抑制，制御することが可能であり，この手法を用いれば，薬剤耐性菌の出現も抑えられる期待が持てるからである。

　Quorum Sensing 機構におけるシグナル物質は，細菌の種や属ごとに構造が異なる物質を用いている。図2にその一部を紹介する。グラム陽性細菌では主にペプチド類が用いられており，種や属により，その構造は大きく異なっていることから（図2(1)），異種属間での「会話」は不可能である。一方，グラム陰性細菌では，側鎖の構造は異なるが，アシル化ホモセリンラクトン（AHL）類が，主に用いられている（図2(2)）。アシル鎖の構造の違いにより，種や属の特異性はあるものの，同じ構造のAHLを複数種の細菌が共通で用いている場合や，自らが生産するAHL以外の構造のAHLにも応答する場合，すなわち，AHL受容体が広範囲のAHLを認識する場合があるなど，比較的「共通語」的な要素が大きい。放線菌類においては，Aファクターと名付けられた低分子化合物が用いられている（図2(3)）。また，コレラ菌や緑膿菌などのグラム陰性細菌においては，AHLとともに，構造の全く異なるシグナル物質を併せて用いている

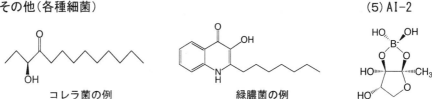

図2　様々な細菌の Quorum Sensing 機構におけるシグナル物質の例

61

例も報告されている（図2(5)）。なお，グラム陽性細菌およびグラム陰性細菌に共通のAI-2と呼ばれるシグナル物質も報告されている（図2(5)）[2,3]。

### 6.3 細菌によるバイオフィルム形成へのQuorum Sensing機構の関与

細菌によるバイオフィルム形成は，素材表面への細菌の初期吸着から始まる。その後，菌体の増殖にともない，菌体外多糖（EPS）類の分泌などが起こり，バイオフィルムが形成される。この細菌によるEPS類の生産や分泌，結果，引き起こされるバイオフィルム形成がQuorum Sensing機構の制御下にあることが，近年，明らかとなってきた（図3）。例えば，セラチア菌のAHL生産能を遺伝子的に破壊した変異株は，素材表面への吸着は見られるが，立体的なバイオフィルムを形成する能力が欠落することが報告されている[4]。これは，バイオフィルム形成能を有する緑膿菌や魚病細菌，植物病原菌などの場合でも同様である[5,6]。すなわち，細菌によるバイオフィルム形成にはQuorum Sensing機構が関与しており，Quorum Sensing機構を制御することで，バイオフィルム形成を抑制できる可能性が期待できるということである。

### 6.4 Quorum Sensing機構制御技術

前述の通り，Quorum Sensing機構の制御により，細菌を殺すことなく，その機能のみの抑制や制御が期待されていることから，その制御技術に関する研究が精力的に進められてきた。グラム陰性細菌のAHLを用いたQuorum Sensing機構は図1に示す通

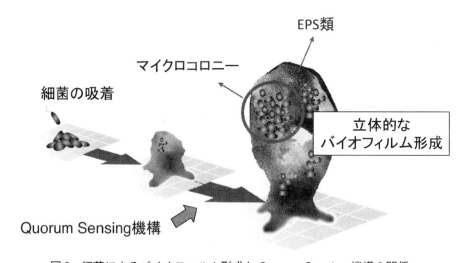

図3　細菌によるバイオフィルム形成とQuorum Sensing機構の関係

## 第1章 バイオフィルムの構造と形成機構

り，菌体内で合成されたシグナル物質である AHL が菌体内外に拡散し，菌体間でやり取りが行われ，周囲の菌体数の増加にともない AHL 濃度が上昇し，菌体内で AHL と AHL 受容体が結合し，その結合複合体が目的遺伝子に作用し，特定機能を活性化するというものである。そこで，このグラム陰性細菌の Quorum Sensing 機構を制御するためには，シグナル物質である AHL を分解，除去する方法や，シグナル物質が AHL レセプターに結合する過程を制御する方法などが考案されている。

実は，人間が Quorum Sensing 機構の存在に気付き，その制御技術の開発を進める以前から，自然界では，既に Quorum Sensing 機構をめぐる様々な攻防が行われている。ある細菌が Quorum Sensing 機構を活用する一方で，その Quorum Sensing 機構を阻害する機能，例えば，シグナル物質である AHL を分解する酵素を有する細菌が存在している。これまでに，AHL のラクトン環を開裂する AHL ラクトナーゼを有する細菌や AHL のアシル鎖を切断する AHL アシラーゼを有する細菌がそれぞれ複数種同定されている（図4(1)）[7]。また，ある種の海藻が生産する天然のフラノンが AHL の構造類似体であり，これが AHL と AHL 受容体との結合を拮抗的に阻害することが報告されている（図4(2)）[8]。

この自然に存在する Quorum Sensing 機構阻害能を利用した Quorum Sensing 機構制

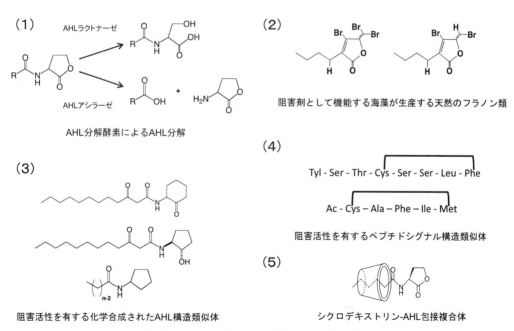

図4　Quorum Sensing 制御にかかわる物質

御の技術開発が進められている。例えば，AHL 分解能については，AHL 分解細菌を共存させるという直接利用する方法や，AHL 分解酵素を単離し固定化するなどにより AHL 分解剤として用いる手法などの研究が進められている。

AHL に対して拮抗作用を示す構造類似体を化学合成することも進められており，種々報告されている（図4(3)）[3]。グラム陽性細菌のシグナル物質であるペプチドの構造類似体についても種々合成され，その Quorum Sensing 機構阻害活性が報告されている（図4(4)）[2,3]。

より工学的な Quorum Sensing 機構制御技術としては，シグナル物質をトラップすることにより系中から除去する技術開発も進められている。AHL と包接複合体を形成し，系中から AHL を除去する能力を有するシクロデキストリンを用いた手法（図4(5)）や，シクロデキストリンを固定化して用いる手法の開発などが進められている[9,10]。

## 6.5 Quorum Sensing 制御によるバイオフィルム形成抑制技術

前述のような Quorum Sensing 機構制御技術を用いて，細菌によるバイオフィルム形成能を低下させる技術開発が進められている。我々のグループでも Quorum Sensing 機構阻害剤である AHL 構造類似体を添加することによるバイオフィルム形成抑制について，緑膿菌をモデル細菌として用いた結果について報告している（図5）[5,6]。AHL 生産能破壊株の場合と同様，菌体の初期吸着を阻害することはできないが，立体構造体であるバイオフィルム形成を抑制することが可能であることが示されている。

さらに，AHL トラップ剤であるシクロデキストリンや AHL 分解酵素を用いることによるバイオフィルム形成阻害についても種々報告されている。Lee らは，AHL 分解細菌を固定化したビーズを膜分離活性汚泥法（MBR）のシステム中に存在させること

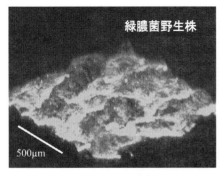

図5　緑膿菌野生株と Quorum Sensing 阻害剤添加におけるバイオフィルム形成能の比較

第1章　バイオフィルムの構造と形成機構

により，MBR 表面上に発生するバイオフィルムを抑制できることを報告している[11]。我々のグループでも，AHL 分解細菌より単離した AHL 分解酵素の利用として，酵素を固定化した素材や，AHL 分解細菌そのものを用いた手法の開発を共同研究のグループとともに進めている。一方，バイオフィルムの剥離を促すような物質の探索や同定も行われている。

　このように，Quorum Sensing 機構を制御することによるバイオフィルム形成の阻害技術開発が進められている。繰り返しになるが，細菌の素材表面への初期吸着に対してQuorum Sensing 機構は，原則，関与しない。また，この細菌の初期吸着能は，素材と細菌の表面の親水性や疎水性，電荷状態，そして，凹凸など，物理的，あるいは，化学的性質によるところが大きい。したがって，Quorum Sensing 機構の制御のみで細菌の吸着からバイオフィルム形成までを完全に抑制することは，現状では難しい。しかし，Quorum Sensing 機構を阻害することによりバイオフィルムの立体構造体形成が抑制可能であることから，吸着量，すなわち，バイオフィルム量を減らすことが可能となる。このことは，これまでの除去方法と組み合わせることで，必要とする薬剤量の減少や，作業時間の短縮など，既存の手法の効率化が期待できる。すなわち，Quorum Sensing機構制御技術と既存の種々の手法を組み合わせることにより，効果的なバイオフィルム対策技術ができるものと期待される。

## 6.6　おわりに

　本節では，細菌によるバイオフィルム形成と微生物間情報伝達機構である Quorum Sensing 機構との関連，および，Quorum Sensing 機構制御技術とそのバイオフィルム形成抑制技術への応用展開について紹介した。本節で紹介した通り，Quorum Sensing機構の制御技術は，これまで，医学や薬学分野での研究が進められてきていたが，今後は，バイオフィルム対策といった環境技術分野への応用展開も期待されている。

　なお，本節では，Quorum Sensing 機構制御技術として，活性の抑制や阻害についてのみ紹介したが，逆に，Quorum Sensing 機構を活性化する技術開発も可能である。すなわち，低下している特定機能の活性化を図る可能性も期待されている。バイオフィルム形成も，デメリット対策としての抑制技術だけではなく，水処理関係や物質生産過程において，バイオフィルム形成を利用している場合もある。したがって，Quorum Sensing 機構制御技術は，バイオフィルム形成に対して，プラスにもマイナスにも応用が期待できる技術である。

　このように，細菌によるバイオフィルム形成に対する Quorum Sensing 機構制御技術

バイオフィルム制御に向けた構造と形成過程

の応用の新たな技術展開が期待されている。

## 文　　献

1)　Greenberg E. P., *ASM news*, **63**, 371-377（1997）
2)　Horinouchi S. *et al.*, "Comprehensive Natural Products II: Chemistry and Biology," **4**, 283-337（2010）
3)　Special issue, *Chemical Reviews*, **111**, 1-250（2011）
4)　Kjelleberg S. *et al.*, *Curr. Opin. Microbiol.*, **5**, 254-258（2002）
5)　Ishida T. *et al.*, *Appl. Environ. Microbiol.*, **73**, 3183-3188（2007）
6)　諸星知広ほか, バイオフィルムの基礎と制御, 1. 1. 2. 2, 38-45, エヌ・ティー・エス（2008）
7)　Dong Y-H. *et al.*, *Nature*, **411**, 813-817（2001）
8)　Manefield M. *et al.*, *FEMS Microbiol. Lett.*, **205**, 131-138（2001）
9)　Ikeda T. *et al.*, *J. Incl. Phenom. Macro. Chem.*, **44**, 381-382（2002）
10)　Kato N. *et al.*, *J. Incl. Phenom. Macro. Chem.*, **57**, 419-423（2007）
11)　Kim S-R. *et al.*, *Environ. Sci. Technol.*, **47**, 836-842（2013）

## 7 バイオフィルム内のストレス環境と Persister 形成

千原康太郎[*1], 常田 聡[*2]

### 7.1 はじめに

抗菌薬の開発により，感染症の治療は飛躍的に進歩している一方で，その過剰使用により抗菌薬が効果を示すターゲット遺伝子の変異および抗菌薬を分解する遺伝子の獲得などを誘発し，耐性菌が出現してきた。医療現場などで耐性菌が問題視される中，本来抗菌薬で死滅するはずの野生株，つまり耐性遺伝子を持たない細菌集団の中でも一部の亜集団が抗菌薬から生き残ることが近年注目されている。本来，抗菌薬は細菌の増殖をターゲットとして作用する。例えば，ペニシリンやアンピシリンなどを代表とするベータラクタム系抗菌薬は細胞壁合成酵素を阻害することで細菌を溶菌的に死滅させる。カナマイシンやゲンタマイシンを代表とするアミノグリコシド系抗菌薬は細菌の30Sと50Sリボソーマルサブユニットに作用し，タンパク質合成を阻害することで殺菌的に働く。また，オフロキサシンやシプロフロキサシンを代表とするキノロン系抗菌薬はDNAジャイレースあるいはトポイソメラーゼのリガーゼ活性を阻害し，遺伝子の複製を抑制する。このように，多くの抗菌薬は細胞分裂，タンパク質合成，遺伝子複製を行う「増殖する細菌」のみをターゲットとし，一部の「増殖しない細菌」には作用しない。これら遺伝的な変異を持たず抗菌薬から生き残ることができる亜集団は Persister と呼ばれ，環境ストレスなどにより細菌集団の一部が自らの分裂を抑制し，抗菌薬から生き残ることができる亜集団として定義されている[1]。余談であるが，Persister と抗菌薬寛容性細菌は区別して考えられるべきである。Persister と抗菌薬寛容性細菌が形成されるそのバックグラウンド（メカニズムや環境ストレスなど）は共通する部分があるものの，Persister は一部の細菌集団が抗菌薬から生き残りやすくなっている亜集団，抗菌薬寛容性細菌は環境ストレスなどにより細菌集団全体が抗菌薬から生き残りやすくなっている集団であるとして区別されている（図1）。上述の通り，Persister（および抗菌薬寛容性細菌）は耐性遺伝子を保持しないため，耐性菌とは異なり，表現型の多様性の一部として示されている。つまり，抗菌薬などのストレスから解放され，栄養源が豊富な環境に戻ることで Persister は通常の増殖する細菌として復活し，再び分裂を始めることができる。このように再び増殖を始める能力があるため，Persister は細菌感染症

---

＊1 Kotaro Chihara 早稲田大学 大学院先進理工学研究科 生命医科学専攻 大学院生

＊2 Satoshi Tsuneda 早稲田大学 理工学術院 教授

バイオフィルム制御に向けた構造と形成過程

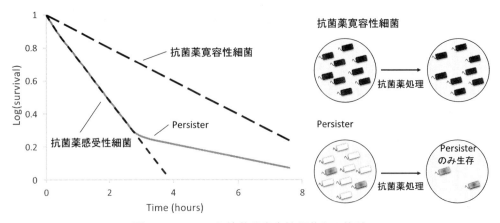

図1　Persisterと抗菌薬寛容性細菌との比較

の難治化，慢性化に多大な影響を及ぼしていると考えられている。

　もともとPersisterは1944年にBiggerによって，高濃度のペニシリンに対しても生き残ってくる*Staphylococcus pyogenes*の亜集団が存在するという事実が報告され，その存在が明らかとなったが[2]，対数増殖期で$10^{-6}$程度という非常に少ないポピュレーションの影響もあり，BiggerによるPersisterの発見から60年近くPersisterに関する研究は滞っていた。近年，分子生物学的手法やシングルセルイメージング，次世代シーケンサーの発展と相まって，Persisterとはどういった存在なのか，どのような環境下で生じてくるのか，その形成メカニズムはどういったものなのかが日進月歩で解明されている。Persisterはマイクロ流体デバイス上でのシングルセル観察によりその存在が証明された。Balabanらは細菌を一細胞レベルで固定できるマイクロ流体デバイスに，Persisterを高頻度に形成する*Escherichia coli* high persister mutant（*hipA7*）を固定し，タイムラプス観察を実施した[3]。培地にアンピシリンを加えることで，成長している多くの細菌は死滅するが，分裂を抑制している一部の細菌は生き残り，アンピシリンを培地から除いた後に，再び成長を始める様子が観察された。すなわち，Persisterは環境中で分裂活性を抑制していることが初めて示されたのである。さらにShahらはPersisterを"分裂活性を抑制した休眠状態の細菌である"と仮定し，増殖速度に依存するリボソーマルプロモーター*rrnB* P1の活性に着目した。彼らは，分解速度の速い不安定緑色蛍光タンパク質をリボソーマルプロモーター*rrnB* P1の下流に導入した株を用いて，蛍光強度依存的に細菌集団をFluorescent activated cell sorting（FACS）で初めて分取した[4]。蛍光強度の小さい亜集団，すなわち分裂活性を抑制した亜集団に対して抗菌薬オフロキサシンで処理したところ，死滅せず抗菌薬寛容性を示したことか

ら,抗菌薬寛容性を示すPersisterはやはり増殖活性を抑制していることが示されている。

Persisterが有する性質である抗菌薬寛容性（Persistence）と増殖抑制（Dormancy）の関係,特にDormancyはPersisterに必須の性質なのか？　に関しては議論の余地があるものの[5],本章では最新の研究も踏まえ,特にバイオフィルム特異的なストレスと絡めてバイオフィルム中のPersister形成に関して論じる。

## 7.2　Persister形成と栄養枯渇

Persister形成のメカニズムとして最も研究されているものはアミノ酸枯渇に依存した緊縮応答と呼ばれるメカニズムである（図2）。培地中のアミノ酸が枯渇すると,細胞内のアミノアシルtRNAの濃度が低下する。つまりタンパク質合成のための十分なアミノ酸が確保できていない状態となるため,mRNAの転写を抑制するために,グローバルレギュレーター(p)ppGpp合成酵素であるRelAが活性化し,GTP,GDPおよびATPから(p)ppGppが合成される。(p)ppGppはRelA,SpoTによりその合成が活性化される一方で,SpoTは(p)ppGpp合成に対して抑制的に働くことも可能である。(p)ppGppは,ストレス応答シグマファクター$\sigma^{38}$（RpoS）の制御下の遺伝子発現を促進する,あるいはリボソーマルRNAの合成を抑制する以外に,DksAと同時に直接RNAポリメラーゼに結合し,mRNAの転写を抑制する[6]。以上のメカニズムで細菌の増殖活性が抑制されることで,オフロキサシンやアンピシリンに対するPersisterの形成が促

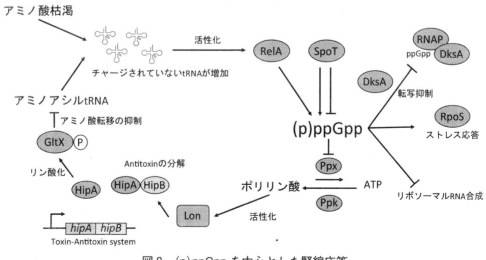

図2　(p)ppGppを中心とした緊縮応答

バイオフィルム制御に向けた構造と形成過程

進されることが知られている。さらに，*Pseudomonas aeruginosa* のバイオフィルムやマウスを用いた *in vivo* 実験において，アミノ酸のアナログであるセリンヒドロキサメートを投与し，人為的に飢餓環境を誘導すると，(p)ppGpp の産生が促進され，上記の緊縮応答および(p)ppGpp が関与する Persister 形成が誘導されることが確かめられ，実際にバイオフィルム感染症の慢性化に多大な影響を及ぼしていることが示唆されている[7]。また，*E. coli* では(p)ppGpp 合成と Type II Toxin-Antitoxin(TA)system との関係性，およびそれらに依存した Persister 形成経路が発見されている。TA system とは細胞死や細胞の増殖阻止をもたらす Toxin と，その毒性を抑制する Antitoxin により構成されている。*E. coli* では定常期において，Type II TA system の一つである HipAB の Antitoxin HipB が Lon プロテアーゼにより分解され，Toxin HipA が遊離する。遊離した HipA は Glutamate tRNA synthetase GltX をリン酸化させることでその活性を抑制し，アミノアシル tRNA の濃度を低下させる。ここで上記で示したように，(p)ppGpp を介した RNA ポリメラーゼの抑制が起こるが，それと同時に(p)ppGpp はポリリン酸分解酵素である Polyphosphate Hydrase Ppx の活性を抑制させる。ポリリン酸は Polyphosphate Kinase Ppk により蓄積し，Ppx によって分解されるため，Ppx が抑制されることでポリリン酸の量が増加する。ポリリン酸は Lon プロテアーゼと結合することで Lon プロテアーゼの活性を促進することが可能であるため，Antitoxin HipB の分解が促進される。以上のように HipAB，Gltx，(p)ppGpp，Lon を介した Persister 形成はポジティブフィードバックにより制御されていることが示唆されている[8]。

　このように緊縮応答ならびに(p)ppGpp は Persister 形成の中枢的な役割をもつ。近年，(p)ppGpp の合成を抑制する新たな抗菌薬の開発が進められている[9]。Relacin は非分解性の(p)ppGpp アナログであり，グラム陽性細菌の Rel/Spo synthetase の(p)ppGpp 結合サイトを塞ぐことができる。Relacin 投与によりグラム陽性細菌の緊縮応答を阻害し，*Bacillus subtilis* をモデル微生物として，定常期誘導，バイオフィルム形成，および芽胞形成が総じて阻害され，殺菌効果が示されている。残念ながら，Relacin はグラム陰性細菌の細胞壁を通過することができないため，*E. coli* に対して効果は示さなかったが，*in vitro* で *E. coli* の RelA に対して阻害効果を示した。Relacin の細胞壁透過効率が改善されることで，グラム陰性細菌に対する殺菌効果も期待されている。

## 7.3　Persister 形成とプロトン駆動力

　カナマイシンやゲンタマイシンをはじめとするアミノグリコシド系抗菌薬は細菌のプロトン駆動力（Proton Motive Force：PMF）により細胞内に取り込まれ，30 S および

## 第1章　バイオフィルムの構造と形成機構

50Sリボソーマルサブユニットをターゲットとして殺菌的に作用する。しかしながら，Persisterではその性質上，PMFが低下した状態にあるため，アミノグリコシド系抗菌薬から生き残ることができることが知られている。PersisterがPMF低下でアミノグリコシド抗菌薬から生き残ることができる代表的なメカニズムとして，Obg/HokB経路とSOS応答が知られている（図3）。

　Obgは原核生物に広く保存されたGTPaseの一つであり，DNA複製やストレス応答に作用することが知られていた。VerstraetenらはE. coliとP. aeruginosaを使用して栄養飢餓状態に依存して発現するObgがPersister形成に関わるタンパク質の一つであることを同定した[10]。Obgは栄養飢餓状態に応答して産生される(p)ppGppと共同的に働くことでType I TA systemのToxinであるHokBの発現を促進する。HokBは膜関連ポリペプチドであり膜電位を低下させるため，膜の脱分極によって細菌が抗菌薬に対して寛容性を示すことが報告された。Verstraetenらは，以上の経路によってP. aeruginosaのバイオフィルム中でPersisterが形成されることも報告している。

　SOS応答は抗菌薬や紫外線照射によるDNAダメージによって誘導され，RecAがATPとssDNAに結合して，LexAボックスを有するプロモーター領域を2本に切断する反応を促進する。Lexボックスが不活化されることによって，そのプロモーターの下流に存在するある種のType I TA systemとType II TA systemの発現をコントロールする。E.coliではDNAジャイレースあるいはトポイソメラーゼのリガーゼ活性を抑制するシプロフロキサシン投与により，SOS応答が働き，かつPersister形成が誘導され

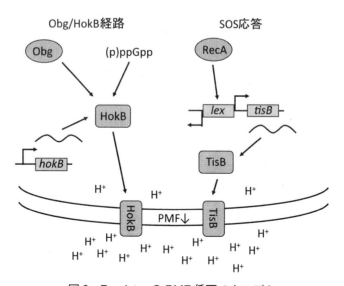

図3　PersisterのPMF低下メカニズム

ることが示されているが，これは Type I TA system の TisB 依存的に PMF を低下さ
せることで誘導されることが判明している。つまり，シプロフロキサシン投与によりシ
プロフロキサシンとは別のメカニズムを有する多種多様な抗菌薬に対しても生き残るこ
とができる亜集団が生じるのである[11]。

　以上のように栄養源枯渇や SOS 応答に依存する PMF 低下は Persister 形成に多大な
影響を及ぼしていることが知られているが，近年，PMF の活性化に着目した Persister
除去方法が検討されている。Allison らは，アミノグリコシド系抗菌薬は Persister に対
して弱いながらも効果があるという事実を出発点に，Persister に対して中心代謝経路
に関わる炭素源であるグルコースやマンニトール，フルクトース，ピルビン酸をアミノ
グリコシド系抗菌薬と共添加することで PMF を活性化させ，Persister を除去できる
ことを示した[12]。この炭素源添加によるアミノグリコシド系抗菌薬の増強効果は
Persister が増殖し始める前に見られる効果であり，代謝の一部のサイクルの活性化に
依存して引き起こされている。炭素源とアミノグリコシド系抗菌薬の共添加はグラム陰
性細菌だけでなく，*S. aureus* のようなグラム陽性細菌に対しても効果を示し，かつマ
ウスを用いた *in vivo* 実験やバイオフィルムに対しても Persister の除去に有効であるこ
とが示されており，より臨床に近い効果的な治療と再発防止が行えることを示唆してい
る。同様に，*P. aeruginosa* ではマンニトールとトブラマイシンの共添加により，バイ
オフィルムおよび Persister の除去を促進することが他の研究グループによって示され
ている[13]。しかしながら，炭素源による抗菌薬の増強効果はアミノグリコシド系抗菌薬
のみに見られるものであり，PMF に依存しないベータラクタム系抗菌薬やキノロン系
抗菌薬ではこの増強効果は見られなかった。

## 7.4　Persister 形成と ATP 枯渇

　近年，ATP 濃度の低下が Persister 形成メカニズムの一つであることが報告された。
グラム陽性細菌である *S. aureus* の既知の 3 つの Type II TA system をノックアウトし
た株と野生株に対してシプロフロキサシンで処理したところ，それぞれの株で
Persister 数に違いは見られず，Persister 形成に TA system が関与しているという定
説が覆された[14]。*S. aureus* の Persister がどのように生じるのかを調べるために定常期
のマーカーである *cap5A* および *arcA* 遺伝子のプロモーター株を作製し，FACS 解析
に供試したところ，対数増殖期にもかかわらず一部の細菌で定常期様の状態となってお
り，シプロフロキサシンに対して寛容性を示すことが判明した。定常期では細胞内
ATP 量が極端に低下していることが報告されているため，レポーター株に対して ATP

## 第1章　バイオフィルムの構造と形成機構

合成を停止させるヒ酸塩を投与したところ，*cap5A* および *arcA* 遺伝子の高発現とシプロフロキサシンに対する寛容性が観察された。同様に *E. coli* でも定常期のマーカーである *rrnB P1* および *rpoS* 遺伝子のプロモーター株を作製し，FACS 解析に供試したところ，対数増殖期にもかかわらず一部の細菌で定常期様の状態となっており，シプロフロキサシンに対して寛容性を示すことが明らかとなった[15]。*E.coli* の 10 個の Type II TA system をノックアウトした株を用いて様々な環境下で野生株との Persister 数の比較を行ったところ，TA system が Persister 形成に関与するのはアミノ酸枯渇環境および高浸透圧環境のみであることが示され，ATP 依存的な Persister 形成は様々なストレス環境下で普遍的に起こっていることが示唆されている。それでは，なぜ ATP の低下が Persister 形成を促進するのか。アンピシリンなどを代表とするベータラクタム系抗菌薬がターゲットとしている細胞壁合成酵素，カナマイシンやゲンタマイシンを代表とするアミノグリコシド系抗菌薬がターゲットとしている細菌の 30 S および 50 S リボソーマルサブユニット，およびオフロキサシンやシプロフロキサシンを代表とするキノロン系抗菌薬がターゲットとしている DNA ジャイレースあるいはトポイソメラーゼの合成および機能発現には大量の ATP が必要となる。ATP 量が低下した細菌では細胞壁合成酵素，タンパク質合成，および DNA ジャイレースの機能が低下しているため，Persister が多様な抗菌薬に抵抗性を持ち，生き残ることができるのではないかと考えられている。しかしながら，なぜ対数増殖期で一部の細菌が定常期様な状態にあるのか，そのメカニズムは解明されていない。

　以上に示してきたように Persister では ATP 濃度が低下しているため，ATP 非依存的に Persister を殺菌する機構が必須である。ここで注目されたのが ClpP プロテアーゼをターゲットとする ADEP4 と呼ばれる薬剤である[16]。通常 ClpP はミスフォールドタンパク質を ATP 依存 ClpXCA サブユニットとともに認識し，分解している。ADEP は ClpP と結合し，ClpP の触媒チャンバーを常に開いたままにすることで，ペプチドやタンパクの結合を許している。すなわち，ADEP 存在下では，ClpP によるタンパク分解はもはや ATP に依存しなくなる。いくつかの ADEP に近縁の化合物は *Streptomyces hawaiensis* により生産されており，より効力のある誘導体 ADEP4 は多くのグラム陽性菌に対して効果を発揮している。ADEP4 は *Enterococcus faecalis* と *S. aureus* の致命的なマウス感染モデルや，ラット感染モデルの *Streptococcus pneumoniae* による敗血症にも効果があることが示されている。成熟し折りたたまれたプロテインよりも，リボソーム由来の合成途中のポリペプチドが主要な ADEP4/ClpP の標的であると言われている。さらには，ADEP4 とリファンピシリンの組合せは，*in vitro* の対数

*73*

バイオフィルム制御に向けた構造と形成過程

増殖期，定常期，およびバイオフィルム中の *S. aureus* の殲滅を導き，これまでの抗菌薬では治療不可能だった深在性マウスバイオフィルム感染症をも治療可能である。ADEP 4 は Persister 形成を阻害するのではなく，むしろ Persister の活性を促進しているという点で非常に新しいアプローチである。

### 7.5 Persister 形成とその他のストレス

　上述の Persister 形成メカニズム以外にも多種多様なストレスが Persister 形成に関与することが示唆されている。以下にバイオフィルム内の Persister に関わると予想される機能の一部を記述する。

### 7.5.1 ジオーキシックシフト

　ジオーキシックシフトとは優先的に消費されていた炭素源，例えばグルコースが枯渇すると，誘導期を経て，第二の炭素源であるフマル酸やコハク酸を消費し成長する方法である。Amato らはジオーキシックシフトが起こることで (p)ppGpp 依存的にオフロキサシンに対して寛容性を示す Persister が形成されることを見出した[17]。第二の炭素源を消費するために細胞内のセカンドメッセンジャーである cAMP 濃度が増加し，第二の炭素源の分解を抑制する機構であるカタボライト抑制の解除が起こるが，このカタボライト抑制の解除は cAMP receptor protein（CRP）に cAMP が結合し，第二の炭素源の消費のための一連の遺伝子抑制の解除によるものである。ここで cAMP の増加に応答して (p)ppGpp 濃度が増加するため，「7.2　Persister 形成と栄養枯渇」で述べた (p)ppGpp が関与する Persister 形成経路が活発化し Persister が形成される。上記のメカニズムは実際に *E. coli* MG 1655 株のバイオフィルムでも確かめられ，バイオフィルム中の Persister 形成にも関与していることが示されている。

### 7.5.2 薬剤排出ポンプ

　薬剤排出ポンプは抗菌薬を細胞外へとトランスポートする機能で，この機能を用いることで抗菌薬存在下でも細菌は生存し，成長することができる。このような状態にある細胞は，Phenotypic Resistance として Persister と切り離されて考えられることもあるが，ここでは Persister 形成メカニズムの一つとして述べる。近年 *E. coli* においてベータラクタム系抗菌薬であるカルベニシリン添加で生存する Persister では，抗菌薬の細胞内への輸送効率は野生株と比較して変わらないものの，薬剤排出ポンプの活性が高くなっていることが判明した[18]。トランスクリプトーム解析の結果から，Persister では薬剤排出ポンプ関連の遺伝子が高発現しており，それらの中心的要素である TolC が直接的に Persister 形成を助長していることが示された。さらに，TolC による Persister

第1章　バイオフィルムの構造と形成機構

形成は ppGpp 関連遺伝子やジオーキシックシフト関連遺伝子，TA system 関連遺伝子の発現に先立って起こっていることが示唆された。Persister は抗菌薬から生き残るために代謝や増殖活性を下方制御しているものの，薬剤排出ポンプ関連遺伝子の発現は上方制御されており，相反するメカニズムをうまくコントロールしている。

### 7.5.3　酸化ストレス

　好気環境下での代謝では，TCA 回路や電子伝達系において，細胞内に取り込まれた酸素がシトクロムで消費される過程で活性酸素種（Reactive Oxygen Species：ROS）が生産される。ROS は細胞に対して有毒な物質であり，中でもヒドロキシラジカルは最も酸化力が高く，DNA や細胞機能に非常に大きなダメージを与える。ヒドロキシラジカルが産生される過程では，まず ROS の一種であるスーパーオキシドが細胞内 Fe-S クラスターを分解し，$Fe^{2+}$ を遊離させる。$Fe^{2+}$ は $H_2O_2$ とのフェントン反応により，$Fe^{3+}$ およびヒドロキシラジカルを産生し，細胞死を誘導する。P. aeruginosa のバイオフィルム中の Persister では，(p)ppGpp コントロール下で ROS を分解するスーパーオキシドディスムターゼ（SOD）やカタラーゼの合成が促進しているため，ROS に対して生存することが可能であることが示されている[7]。また，抗菌薬の共通の殺菌メカニズムとして，抗菌薬投与による ROS の産生が報告されており，Persister は上記のように SOD やカタラーゼの活性が高いため生存することができるという研究結果も存在する[7]が，抗生物質と ROS 産生との関係性は研究グループごとに矛盾点があり，議論の余地がある。Kohanski らは静菌的に作用する抗菌薬ではヒドロキシラジカルは産生されないものの，殺菌的に作用するベータラクタム系，アミノグリコシド系，キノロン系抗菌薬はヒドロキシラジカルを産生することでグラム陽性，陰性に関わらず細菌を死滅させることを報告した[19]。一方で，Keren らは ROS を産生する余地のない嫌気環境下でも抗菌薬により一部の細菌が死滅することを示している[20]。抗菌薬による ROS 産生はその抗菌薬の濃度に依存すると考えられており，最小生育阻止濃度（MIC）以下，もしくは同等の濃度では ROS の産生が増加するのではないかと考えられている。

### 7.5.4　クオラムセンシング

　クオラムセンシング機構は本章の「6　バイオフィルム形成と Quorum Sensing 機構」でも詳細に記述されているように，バイオフィルム形成と密接な関係がある。さらに，P. aeruginosa ではピオシアニンやアシルホモセリンラクトンといったクオラムセンシング関連分子の添加により，Persister 数が増加することが示されている。Chua らは P. aeruginosa バイオフィルム中の抗菌薬コリスチン寛容性細菌集団で合成されるタンパク質を Pulsed-Stable Isotope Labeling using Amino acids in Cell culture

（Pulsed-SILAC）によりタグ付けすることで，高発現したクオラムセンシング関連タンパク質を同定し，コリスチン寛容性細菌はクオラムセンシング機構に依存して生じていることを報告した[21]。これまでクオラムセンシング機構がどのようにバイオフィルムおよび Persister 形成に寄与するのか，その詳細なメカニズムは不明であったが，近年，Hazan らはクオラムセンシングが *P. aeruginosa* Persister 形成に及ぼす非常に興味深いメカニズムの一つを示した[22]。ヒドロキシキノロンクオラムセンシングレギュレーター MvfR がコントロールする PqsABCD とアシルホモセリンラクトンクオラムセンシングレギュレーターである LasR がコントロールする PqsL によって生産される 2-n-heptyl-4-hydroxyquinoline-N-oxide（HQNO）はチトクロム *bc1* 複合体の Qi サイトを阻害する。チトクロム *bc1* 複合体が阻害されると，前述の通り酸素の不完全還元により ROS が生産され，最終的に Autolysis を誘導する。Autolysis により細胞外に放出された Extracellular DNA（eDNA）はバイオフィルム形成および Persister 形成を促進することが知られているため，Autolysis が引き金となり，抗菌薬に対して生き残りやすくなるというメカニズムである。しかしながら，eDNA はマイナスにチャージしているため，プラスにチャージしているアミノグリコシド系抗菌薬が物理的に細菌に取り込まれにくくなるなどのメカニズムは解明されているものの，eDNA が Persister 形成そのものに影響を与えているかどうかは現段階ではわかっていない。

## 7.6　おわりに

　上述のように Persister 形成メカニズムはただ一つにとどまらず多岐にわたっている。つまり冗長に存在するメカニズムの一つを阻害したところで，集団中の全ての Persister を殺菌することは現在のところ非常に困難である。さらにはバイオフィルム中の細菌は様々なストレスにさらされるため，栄養源や ATP の枯渇，酸化ストレス，およびクオラムセンシングなどが複合的に作用する。バイオフィルム構造による物理的な防御も抗菌薬の浸透を難しくするため，より一層バイオフィルム中の Persister の根絶は困難になる。バイオフィルム中の Persister を効率的に除去するためにはバイオフィルム中の Persister がいつ，どこで，何が原因で生じるのかを理解することが必要不可欠となり，そのダイナミクスに合わせた抗菌薬治療の検討が望まれる。また，上述の Persister 形成メカニズムはプランクトニック環境で発見されてきたものがほとんどである。しかしながら，バイオフィルム環境とプランクトニック環境では細菌の生理学的性質は大きくかけ離れている。つまりバイオフィルム中ではプランクトニック環境で証明されてきた Persister 形成メカニズムが機能するものと機能していないものの両方

第1章　バイオフィルムの構造と形成機構

が存在していると考えらえる。本分野の展望として，バイオフィルム中で実際にどのように Persister が形成されているのかを直接調べ，その形成メカニズムを解明することが重要である。

　医療の現場で問題視されている耐性菌と Persister との間にも密接な関係がある。近年，抗菌薬投与後に生存する Persister や抗菌薬寛容性細菌は通常の増殖細菌と比較して耐性遺伝子を獲得しやすくなっていることが報告されている。Van den Bergh らは定常期の E. coli に対してゲンタマイシン，トブラマイシン，アミカシンといった多様な抗菌薬を投与し，生存した Persister をフレッシュな培地で再び培養することを繰り返した結果，たった3サイクル程度で耐性遺伝子を獲得することを報告している[23]。また，Levin-Reisman らも 1/10 MIC の抗菌薬を含む培地での培養を繰り返すことで，抗菌薬寛容性関連遺伝子群 Tolerome を獲得した細菌が抗菌薬耐性関連遺伝子群 Resistome を獲得しやすくなることを報告している[24]。バイオフィルム内は，上述の eDNA の影響や細菌同士の距離が非常に近いという点から，遺伝子水平伝播が起こりやすくなっている環境であるため，Persister の Resistome 獲得はより一層起こりやすくなっているだろう。これ以上耐性菌を生み出さないためには，バイオフィルム中の Persister がどのように形成されるのか，その形成を防ぐためにはどうすれば良いのかを解明することが重要である。

## 文　　献

1)　Lewis, K., *Nat. Rev. Microbiol.*, **5**, 48-56（2007）

2)　Bigger, J. W., *Lancet*, **2**, 497-500（1944）

3)　Balaban, N. Q. *et al.*, *Science*, **305**, 1622-1625（2004）

4)　Shah, D. *et al.*, *BMC Microbiol.*, **6**, 53（2006）

5)　Orman, M. A. *et al.*, *Antimicrob. Agents Chemother.*, **57**, 3230-3239（2013）

6)　Maisonneuve, E. *et al.*, *Cell*, **154**, 1140-1150（2013）

7)　Nguyen, D. *et al.*, *Science*, **334**, 982-986（2011）

8)　Kaspy, I. *et al.*, *Nat. Commun.*, **4**, 3001（2013）

9)　Wexselblatt, E. *et al.*, *PLoS Pathog.*, **8**, e1002925（2012）

10)　Verstraeten, N. *et al.*, *Mol. Cell*, **59**, 9-21（2015）

11)　Dörr, T. *et al.*, *PLoS Biol.*, **8**, e1000317（2010）

12) Allison, K. R. *et al.*, *Nature*, **473**, 216-220 (2011)

13) Barraud, N. *et al.*, *PLoS One*, **8**, e84220 (2013)

14) Conlon, B. P. *et al.*, *Nat. Microbiol.*, **1** (2016)

15) Shan, Y. *et al.*, *mBio*, **8**, e02267 (2017)

16) Conlon, B. P. *et al.*, *Nature*, **503**, 365-370 (2013)

17) Amato, S. M. *et al.*, *Mol. Cell*, **50**, 475-487 (2013)

18) Pu, Y. *et al.*, *Mol. Cell*, **62**, 284-294 (2016)

19) Kohanski, M. A. *et al.*, *Cell*, **130**, 797-810 (2007)

20) Keren, I. *et al.*, *Science*, **339**, 1213-1216 (2013)

21) Chua, S. K. *et al.*, *Nat. Commun.*, **7**, 10750 (2016)

22) Hazan, R. *et al.*, *Curr. Biol.*, **26**, 195-206 (2016)

23) Van den Bergh, B. *et al.*, *Nat. Microbiol.*, **7** (2016)

24) Levin-Reisman, I. *et al.*, *Science*, **355**, 826-830 (2017)

# 第2章　バイオフィルム形成が及ぼす問題点と制御・防止対策

## 1　バイオフィルムの発生例と分離菌について

古畑勝則*

### 1.1　バイオフィルムの発生

　近年，環境衛生や食品などの製造分野において「バイオフィルム」という単語を見聞きする機会が多くなった。一方，医療や医学の分野では古くからバイオフィルム感染症として知られていたが，易感染者の増大により難治感染症としてクローズアップされている[1]。また，バイオフィルムは，衛生工学や製紙工業などの特定の分野ではスライムと称され，さらに一般にはヌメリ，ヌルヌルなどと言われている。

　バイオフィルムは，細菌をはじめ，真菌，藻類，原生動物など多種多様な微生物から構成される高次構造体であることが知られている[2]。これまでにも水道管や貯水槽の内壁あるいは工業用水の冷却系統などに多発している。通常は内壁に付着しているが，しばしば水流によって剥離され，給水栓から出現した例もある[3]。また，微生物の増殖が著しいときには流水量が低下したり，ときに閉塞を起こすこともある。場合によっては，管材の腐食原因となったり，水に着色や異臭味をきたして水質の悪化を招いたり，消毒効果や熱伝導効果を低下させるなど様々な障害を引き起こしている。

　一般の住環境においても特に湿度が高い浴室や洗面所，台所などの水周りではピンク色を呈するヌルヌルしたバイオフィルムが以前から問題視されていた[4]。人々の生活水準の向上にともない，アメニティー，すなわち「快適性」という概念が広まり，限られた居住空間でできるだけ気持ちよく，清潔に生活したいとの意識が高まってきた。こうした居住者の意識変化を反映して居住環境で発生したバイオフィルムの外観や感触から不快感を生じ，設計，施工者を相手に訴訟問題にまで発展した事例もある。

　バイオフィルムの発生は特殊な現象のように考えられるが，それは我々人間の視点であり，この現象を微生物生態学的に微生物の視点でとらえると，ごく自然な現象であって，バイオフィルムは微生物の棲みかとも言える。身近な住環境におけるバイオフィルムの形成は，ある種の細菌が浴室の床や台所のシンクなどの担体に付着することから始まり，付着した細菌は汚れや洗剤などを栄養源に高温，多湿の条件下で短時間に増殖し，

---

　＊　Katsunori Furuhata　麻布大学　生命・環境科学部　微生物学研究室　教授

粘液物質を産生しつつさらに成熟していくものと考えられている[2]。微生物の側に視点を移してみれば，「付着」は微生物の生活様式の一つであり，担体への付着に続くバイオフィルムの形成は微生物にとって大変安定した状態であり，彼らの生き残りに関して重要な意味を持っている。

一見，清浄にみえる物質表面でも多少の有機物や無機物が付着しており，いわゆるコンディショニングフィルムを形成している。このコンディショニングフィルムは，微生物にとって濃縮された栄養源であるばかりでなく，表面の物理化学的性質を変化させている。こうした表面に細菌が付着することからバイオフィルムの生成が始まるが，付着メカニズムについては他にゆずる[5]。その後，付着細胞の増殖や細胞外多糖類（EPS）の生産によりバイオフィルムはキノコ状構造物の集合体へと熟成していく。こうしたバイオフィルムの一連の形成過程において，常にそれを阻止する脱離作用が働いており，バイオフィルムの構造，組成，機能は変化し続けている。

## 1.2 バイオフィルムの微生物的解析

既述したように，バイオフィルム（スライム）の発生は，製紙業界では古くから大きな課題となっている。1966 年（昭和 41 年）には上谷と長谷川によって「製紙工場におけるスライムとスライムコントロール剤について」と題する論文[6]がすでに発表されている。この論文の冒頭，「今日，製紙工場において発生する障害として，第一にスライムを挙げなければならないほど重要な問題となっている。」という記述が示すとおり，この分野では半世紀以上も前にすでにスライムの発生が問題視されていたのである。この論文では，スライムから分離される微生物がまとめられている。現在の分類，属名とは異なるものもあるが，細菌では，*Flavobacterium*, *Achromobacter*, *Sarcina*, *Micrococcus*, *Brevibacterium*, *Bacillus*, *Pseudomonas*, 糸状菌では，*Humicola*, *Penicillum*, *Aspergillus*, *Rhizopus*, *Chaetomium*, *Trichoderma*, *Cladosporium*, *Alternaria*, *Dematium* などが挙げられている。

また日下らは，製紙工程中のピンクスライムの原因菌について詳細な性状試験を行い，分離株は *Methylobacterium* sp. と *Rhodococcus* sp. であったことを明らかにしている[7]。

以下には，著者らがかつて経験したバイオフィルムの発生事例とそれに関わる微生物解析の結果を示す[8~10]。

## 1.2.1 バイオフィルムの発生事例

事例 1　H 市内にある 3 階建て 12 世帯入居アパートの 1 階の 1 世帯から，浴室の床

第2章　バイオフィルム形成が及ぼす問題点と制御・防止対策

及び壁面のタイルの目地付近にヌルヌルした付着物があり，清掃によって除去しても2，3ヶ月すると再び発生してくるので調べてほしいとの依頼があった。

事例2　同アパートの別の世帯から台所に設置してある食器水切り用の受け皿の底に褐色のドロドロした寒天状のものが溜まり，洗い流しても1週間ほどで同じ状態になるとの苦情があった。

事例3　S区内にある4階建ての建物で，その3階の住人から洗面台の排水口付近に付着物が発生し，拭き取ると除去できるがどのようなものか知りたいので調べてほしいとの依頼があった。

事例4　T市内にある新築の4階建てアパートの1階の1世帯でユニットバスの排水口付近に付着物が発生し，調べてほしいとの依頼があった。

事例5　S区内の事業所内にある理髪店で，洗面台排水口付近が部分的にピンク色に染まり，清掃しても1週間後には再発生するのでどうしたらよいかとの相談があった。

## 1.2.2　バイオフィルムの採取と観察

現地に赴いて調査した3例では，発生場所，位置，広がり，色調，感触などを調べたのち，発生したバイオフィルム（5×5cm）を滅菌ガーゼで拭き取り，9mlの滅菌生理食塩水に入れて搬入した。これを肉眼的に観察した後，その一部について顕微鏡観察を行った。その後，ボルテックスミキサーで撹拌し，分散させて細菌検査用の試料とした。

## 1.2.3　バイオフィルムの発生状況と外観

事例2を除いては，いずれのバイオフィルムも排水口付近などの常にわずかな水が滞留している部分に発生しており，単に水を流す程度では簡単に剥離されない状態であった。周囲にはカビの発生も認められ，共通的に湿度が高く，通気が不十分で，壁や天井，アルミサッシ窓には多量の結露がみられた。このように室内環境の水周りに発生したバイオフィルムは，居住環境の高気密化，高断熱化によって生じたカビの発生に類似した現象の一つと考えられた。色調は事例2の褐色系以外はいずれも淡紅色を呈し，異臭は感じられないが，その表面は湿潤性で，粘稠性が高かった。

## 1.2.4　バイオフィルムの顕微鏡観察

バイオフィルムを採取した状態で顕微鏡観察すると，$2.6 \times 0.9\,\mu m$ から $8.3 \times 2.2\,\mu m$ の大小様々な桿菌がズーグレア状に集合したものであり，細菌類以外の微生物の混在はなかった。いずれの発生事例でも顕微鏡観察の結果からバイオフィルムは細菌の集合体であることが確認され，上水や工業用水の給水系統に発生するバイオフィルム

とは異なり，糸状菌，藻類，原生動物などの微生物はまったくみられなかった。配管などに発生するバイオフィルムは長時間に渡って徐々に形成され，多種類の微生物によって構成されているのに対し，室内環境に短時間で頻発するバイオフィルムは，増殖速度が早い細菌のみから構成されている特徴があった。

### 1.2.5　バイオフィルムの従属栄養細菌数

バイオフィルムの菌数は表1に示したとおりで，$2.2 \times 10^5 \sim 3.0 \times 10^8$個/cm$^2$であった。

### 1.2.6　バイオフィルムの構成菌種

各バイオフィルムから分離された細菌をその集落色調とともに事例毎に表2に列記した。

事例1のスライムからは5菌種が分離され，グラム陰性菌は *Methylobacterium* sp., *A.baumanii*, *B.vesicularis*, *Moraxella* sp. の4菌種で，グラム陽性菌は *Corynebacterium* sp. の1菌種のみであった。

事例2のスライムからは5例中最も多い8菌種が分離され，グラム陰性菌は *Methylobacterium* sp., *B.vesicularis*, *E.sakazakii*, *E.brevis*, *Alcaligenes* sp., *Pseudomonas* sp. の6菌種が，グラム陽性菌は *B.cereus* と *Corynebacterium* sp. の2菌種が分離された。

事例3のスライムからは7菌種分離されたが，いずれもグラム陰性菌であり，*Methylobacterium* sp., *A. baumanii*, *B. vesicularis*, *C. acidovorans*, *P. aeruginosa*, *S. paucimobilis*, *S.maltophilia* がそれぞれ分離同定された。

事例4のスライムは3菌種のみから構成されており，*Methylobacterium* sp., *B. diminuta* および *Bacillus* sp. であった。

事例5のスライムから分離された細菌は事例3と同様にすべてグラム陰性菌で，

表1　スライムの従属栄養細菌数

| 事例　No. | スライム発生場所 | 従属栄養細菌数*<br>（CFU/cm$^2$） |
|:---:|:---:|:---:|
| 1. | 浴室壁面 | $3.0 \times 10^8$ |
| 2. | 水切り受け皿 | $1.3 \times 10^8$ |
| 3. | 洗面台排水口付近 | $3.5 \times 10^7$ |
| 4. | 浴室排水口付近 | $2.2 \times 10^5$ |
| 5. | 洗面台排水口付近 | $8.6 \times 10^5$ |

＊：標準寒天培地，25℃，7日間培養

第2章 バイオフィルム形成が及ぼす問題点と制御・防止対策

**表2 スライムの構成菌種とその集落色調**

| 事例 No. | 分離菌種（属） | 集落色調 |
|---|---|---|
| 1. | *Methylobacterium* sp. | 淡紅色 |
| | *Acinetobacter baumanii* | 白色 |
| | *Brevundimonas vesicularis* | 黄色 |
| | *Moraxella* sp. | 白色 |
| | *Corynebacterium* sp. | 淡黄色 |
| 2. | *Methylobacterium* sp. | 淡紅色 |
| | *Brevundimonas vesicularis* | 白色 |
| | *Enterobacter sakazakii* | 白色 |
| | *Enpedobacter brevis* | 黄色 |
| | *Alcaligenes* sp. | 黄緑色 |
| | *Pseudomonas* sp. | 橙色 |
| | *Bacillus cereus* | 白色 |
| | *Corynebacterium* sp. | 黄緑色 |
| 3. | *Methylobacterium* sp. | 淡紅色 |
| | *Acinetobacter baumanii* | 白色 |
| | *Brevundimonas vesicularis* | 白色 |
| | *Comamonas acidovorans* | 白色 |
| | *Pseudomonas aeruginosa* | 緑色（蛍光色） |
| | *Sphingomonas paucimobilis* | 黄色 |
| | *Stenotrophomonas maltophilia* | 淡黄色 |
| 4. | *Methylobacterium* sp. | 淡紅色 |
| | *Brevundimonas diminuta* | 黄緑色 |
| | *Bacillus* sp. | 白色 |
| 5. | *Methylobacterium* sp. | 淡紅色 |
| | *Flavimonas oryzihabitans* | 茶褐色 |
| | *Pseudomonas aeruginosa* | 緑色（蛍光色） |
| | *Stenotrophomonas maltophilia* | 淡黄色 |
| | *Pseudomonas* sp. | 黄色 |

*Methylobacterium* sp., *F.oryzihabitas*, *P.aeruginosa*, *S.maltophilia*, *Pseudomonas* sp. の5菌種であった。

　バイオフィルムの構成菌種は3菌種から8菌種の複数種からなっており，これらの80%をグラム陰性のブドウ糖非発酵性桿菌が占め，なかでも *Methylobacterium* sp. がすべてのバイオフィルムに共通的な構成菌種であった。本菌は増殖にともない菌体が凝集する性質があるため，バイオフィルムの形成に重要な役割を果たしているものと考えられた。

　これら主要なバイオフィルム構成菌の多くは淡紅色，黄色，黄緑色，緑色，褐色など

の色素産生菌であった（表2）。なかでもバイオフィルムの色調に類似した淡紅色を呈するものは *Methylobacterium* sp. であり，すべてのバイオフィルムから共通的に検出された。黄色系の色素産生菌としては，*E. brevis*, *S. paucimobilis*, *B. vesicularis*, *S. maltophilia*, *Corynebacterium* sp. があり，この他，緑色系の *P. aeruginosa*, *B. diminuta*, *Alcaligenes* sp., *Corynebacterium* sp. などの菌種が分離された。

### 1.2.7 バイオフィルムと構成細菌から抽出した色素の類似性

事例5で採取した淡紅色バイオフィルムと，このバイオフィルムの主要構成菌であった淡紅色色素産生菌 *Methylobacterium* sp. の培養菌体から色素を抽出して各々の吸収曲線を求め，その類似性を検討した。図1に示したとおり，両者とも490 nm 付近に最大吸収があり，その前後に極大吸収がみられる一致した曲線を描いた。このことから両者の色素は同一物質であると考えられた。

バイオフィルムは淡紅色を呈することが多いが，これに類似した色調の色素を産生する *Methylobacterium* sp. が構成菌種であったことから，本菌に由来する可能性が強く示唆された。*Methylobacterium* sp. の産生色素はカロチノイドとバクテリオクロロフィルであるが，490 nm 付近に最大吸収を示すのは前者であるため，バイオフィルムの色調はカロチノイドによるものと考えられた。

### 1.2.8 まとめ

バイオフィルムの発生状況を観察すると，高温多湿な場所で，通気が悪く，細菌類の増殖に必須な有機物が存在するなどの共通した要件が指摘できる。これらの物理的要因

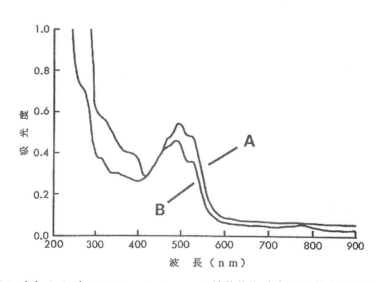

図1　スライム（B）および *Methylobacterium* sp. の培養菌体（A）から抽出した色素の吸収曲線

第 2 章　バイオフィルム形成が及ぼす問題点と制御・防止対策

をコントロールできればバイオフィルムの発生を防止することができると考えられた。特に，湿度が高くなる浴室や台所では，頻繁に窓を開けたり，換気装置を設けて通風をよくすることである。清掃は頻繁に行い，細菌類の栄養源となる有機物をできるだけ除去することも有効である。この際，殺菌処理しておくとさらに効果的であると考えられた。

## 1.3　バイオフィルムに関する新たな視点

　これまでバイオフィルムは貧栄養環境であり，そこに生息する微生物は貧栄養細菌が中心であると考えられていた。したがって，バイオフィルム構成菌数を測定する場合には，PYG 培地や R2A 培地などの貧栄養培地を用いて 20〜30℃で 5 〜 7 日間の培養が行われてきた。ところが，2006 年の日本微生物生態学会バイオフィルム研究部会において立命館大学のグループから「バイオフィルムの内部環境は比較的富栄養であり，pH が安定した環境で，さらに静電気的相互作用が支配的なスローテンポな世界である」という科学的データに基づいた推測が報告された。こうした考えは，これまでの常識を覆すような画期的なものであった。また，バイオフィルムの90%以上は水分であることもわかってきた。

　そこで，培地の栄養分と培養日数を考慮して構成菌数の測定を行った[11,12]。まず，採取したバイオフィルムをボルテックスミキサーで激しく振とうし，可能な限り分散させて均一化した後，測定材料とした。用いた培地は，BHI 培地（DB）と，これを 1/10, 1/100, 1/1,000 に希釈した培地，さらに R2A 培地（極東製薬工業）の計 5 種類であった。10 倍段階で希釈した供試試料を各培地に 0.1 ml ずつ塗抹し，25℃で培養しながら経日的に出現集落を計数した。

　結果は表 3 に示したとおりである。上段の A バイオフィルムについてみると，培養 2 日目で BHI 培地において $10^3$ CFU の集落が出現した。また，1/10 培地，R2A 培地でも同等の菌数であった。しかし，1/100 培地と 1/1,000 培地では集落の形成は認められなかった。5 日目になると，1/100 培地で $10^7$ CFU，1/1,000 培地で $10^6$ CFU の集落が形成され，他の培地ではいずれも $10^6$ CFU の集落が認められた。7 日目では 1/10 培地で菌数が $10^7$ CFU に増加したが，その他の培地では顕著な増加は認められなかった。その後 10 日目，14 日目でも菌数の増加はほとんどなく，7 日目の菌数と大差なかった。

　また，下段に示した B バイオフィルムでは，培養 2 日目で 1/1,000 培地を除くすべての培地で集落形成がみられ，その菌数は BHI 培地では $10^4$ CFU，1/10 培地，1/100 培地および R2A 培地では $10^5$ CFU であった。5 日目になると，1/1,000 培地でも

*85*

## 表3 各種培地による経日的出現集落数（25℃培養）

A バイオフィルム

| 培養時間<br>（日） | 培地 | | | | |
|---|---|---|---|---|---|
| | BHI | 1/10 BHI | 1/100 BHI | 1/1,000 BHI | R2A |
| 2 | $6.4 \times 10^3$* | $6.7 \times 10^3$ | − | − | $3.0 \times 10^3$ |
| 5 | $1.3 \times 10^6$ | $8.0 \times 10^6$ | $1.6 \times 10^7$ | $1.2 \times 10^6$ | $1.7 \times 10^6$ |
| 7 | $1.5 \times 10^6$ | $1.3 \times 10^7$ | $1.7 \times 10^7$ | $2.9 \times 10^6$ | $2.9 \times 10^6$ |
| 10 | $1.8 \times 10^6$ | $1.7 \times 10^7$ | $1.8 \times 10^7$ | $6.3 \times 10^6$ | $3.9 \times 10^6$ |
| 14 | $1.9 \times 10^6$ | $1.9 \times 10^7$ | $2.5 \times 10^7$ | $8.0 \times 10^6$ | $5.0 \times 10^6$ |

B バイオフィルム

| 培養時間<br>（日） | 培地 | | | | |
|---|---|---|---|---|---|
| | BHI | 1/10 BHI | 1/100 BHI | 1/1,000 BHI | R2A |
| 2 | $6.0 \times 10^4$* | $3.4 \times 10^5$ | $2.4 \times 10^5$ | − | $1.8 \times 10^5$ |
| 5 | $6.0 \times 10^4$ | $3.8 \times 10^5$ | $3.0 \times 10^5$ | $3.0 \times 10^5$ | $2.8 \times 10^5$ |
| 7 | $6.0 \times 10^4$ | $4.2 \times 10^5$ | $7.2 \times 10^5$ | $4.4 \times 10^5$ | $3.6 \times 10^5$ |
| 10 | $6.0 \times 10^4$ | $4.4 \times 10^5$ | $7.2 \times 10^5$ | $4.4 \times 10^5$ | $3.6 \times 10^5$ |
| 14 | $6.0 \times 10^4$ | $4.4 \times 10^5$ | $7.2 \times 10^5$ | $4.4 \times 10^5$ | $3.6 \times 10^5$ |

\* ：CFU/0.1 ml
− ：計数不能

$10^5$ CFU の集落が形成され，その他の培地では菌数の大きな増加はなかった。その後，7日，10日，14日を経過してもすべての培地において菌数の増加はみられなかった。今回の検討により，BHI 培地のような栄養価の高い培地でも2日後に集落を形成できるような増殖速度の速い菌種がバイオフィルム構成菌として生息していることが初めて明らかになった。従来，バイオフィルム構成菌の測定方法として用いられてきた貧栄養細菌の測定方法では，試料の希釈や長時間の培養などにより，上記の A バイオフィルムのような場合では，これらの増殖速度の速い菌種は測定対象から除外されていたものと考えられた。

　このように，バイオフィルムの構成菌種としてこれまで調べられていなかった増殖速度の速い菌種が存在することが明らかになった。そこで，新たにバイオフィルムの菌種構成を明らかにするため，従来の生化学的性状試験ではなく，16S rDNA の部分塩基配

第2章　バイオフィルム形成が及ぼす問題点と制御・防止対策

列を基に分離株の菌種同定を行った。

　その結果を表4に示す。上段のAバイオフィルムについてみると，培養2日目で BHI 培地，1/10 培地および R2A 培地により分離された菌種はいずれも *Pseudomonas mosselii* であった。また，7日目に集落を形成した貧栄養細菌では，*Microbacterium* sp. や *Erythromicrobium* sp. が共通して分離された。なかでも，1/10 培地での分離菌種数 が 最 も 多 く，*Microbacterium* sp. の 他 に，*Microcella putealis*，*Porphyrobacter donghaensis* および *Micrococcus luteus* が同定された。次に 1/100 培地において3菌種 が 分 離 さ れ て お り，*Erythromicrobium* sp. の 他 に *Sandaracinobacter sibiricus* と *Terrimonas* sp. であった。14 日目の分離菌種では，BHI 培地において *Yonghaparkia alkaliphila* が同定された。また，1/10 培地では *Staphylococcus capitis*，1/100 培では *Microcella* sp.，1/1,000 培地では *Sandaracinobacter sibiricus* と *Roseomonas* sp.，R2A 培地では *Microcella* sp. と *Microbacterium* sp. がそれぞれ分離された。

　また，下段に示したBバイオフィルムでは，培養2日目に 1/1,000 培地を除く各培 地で分離された菌種は，*Pseudomonas alkaligenes* と *Pseudomonas alkaliphila* が共通し ていた。さらに，1/10 培地では *Acidovorax temperans* と *Sphingomonas* sp.，また R2 A 培地では *Acidovorax temperans* と *Pseudoxanthomonas japonensis* が同定された。7 日 目 に 集 落 を 形 成 し た 貧 栄 養 細 菌 で は，*Sphingomonas* sp. と *Methylophilus methylotrophus* が共通していた。このほか，1/10 培地では *Herbaspirillum* sp.，1/100 培地では *Sphingopyxis witflariensis*，R2A 培地では *Methyloversatilis* sp. と *Mycobac-terium chubuense* がそれぞれ分離同定された。

　ここで分離同定された貧栄養細菌は，これまでバイオフィルム構成菌としては，ほと んど報告されていない菌種であった。このことは，菌種の同定に 16S rDNA の部分塩 基配列を利用して行ったためと考えられた。これら分離株のうち，種まで同定困難な株 や塩基配列の相同性から新種と思われる菌株が多くあり，今後の分類に関する情報の蓄 積が不可欠であると考えられた。

　以上のように，富栄養培地で2日目に集落を形成できるような増殖速度の早い構成菌 は，*P.mosselii*（Aバイオフィルム）や *P.alkaligenes* と *P.alcaliphila*（Bバイオフィル ム）であることが明らかになり，いずれも *Pseudomonas* 属であったことに注目したい。

## 1.4　バイオフィルムに関する今後の課題

　こうした新たな視点で冷却塔や浴室排水口[13]，あるいは台所排水口[14]に発生したバイ オフィルムについて構成菌種を検討した。以下には浴室排水口についての解析結果を示

表 4　各培養時間ごとの培地別分離菌種 (25℃培養)

A バイオフィルム

| 培養時間 (日) | 培地 | | | | |
|---|---|---|---|---|---|
| | BHI | 1/10 BHI | 1/100 BHI | 1/1,000 BHI | R2A |
| 2 | *Pseudomonas mosselii* | *Pseudomonas mosselii* | — | — | *Pseudomonas mosselii* |
| 7 | *Microbacterium* sp. | *Microbacterium* sp.<br>*Microcella putealis*<br>*Porphyrobacter donghaensis*<br>*Micrococcus luteus* | *Erythromicrobium* sp.<br>*Sandaracinobacter sibiricus*<br>*Terrimonas* sp. | *Microbacterium* sp.<br>*Erythromicrobium* sp. | *Microbacterium* sp.<br>*Erythromicrobium* sp. |
| 14 | *Yonghaparkia alkaliphila* | *Staphylococcus capitis* | *Microcella* sp. | *Sandaracinobacter sibiricus*<br>*Roseomonas* sp. | *Microcella* sp.<br>*Microbacterium* sp. |

B バイオフィルム

| 培養時間 (日) | 培地 | | | | |
|---|---|---|---|---|---|
| | BHI | 1/10 BHI | 1/100 BHI | 1/1,000 BHI | R2A |
| 2 | *Pseudomonas alkaligenes*<br>*Pseudomonas alcaliphila* | *Pseudomonas alkaligenes*<br>*Acidovorax temperans*<br>*Sphingomonas* sp. | *Pseudomonas alkaligenes*<br>*Pseudomonas alcaliphila* | — | *Pseudomonas alcaliphila*<br>*Acidovorax temperans*<br>*Pseudoxanthomonas japonensis* |
| 7 | — | *Herbaspirillum* sp. | *Sphingomonas* sp.<br>*Sphingopyxis witflariensis*<br>*Methylophilus methylotrophus* | *Sphingomonas* sp.<br>*Methylophilus methylotrophus* | *Methylophilus methylotrophus*<br>*Methyloversatilis* sp.<br>*Mycobacterium chubuense* |

—：非分離

第2章　バイオフィルム形成が及ぼす問題点と制御・防止対策

す[15]。

　今回の検討では，培地の栄養分と培養日数を考慮して構成菌数の測定を行った。用い
た培地は，富栄養培地としてBHI培地（BD），貧栄養培地としてR2A培地（日本製薬）
の2種類であった。供試試料を10倍段階で$10^{-6}$まで希釈し，各培地に0.1 mlずつ塗
抹して36℃と25℃で培養しながら経日的に出現集落を計数した。

　結果は表5に示したとおりである。36℃培養の場合，培養1日目でBHI培地におい
て$1.2×10^7$CFUの集落が出現し，7日間経過しても$2.1×10^7$CFUであり，顕著な増加
はみられなかった。この傾向はR2A培地でも同様で，やはり培養1日目で$2.6×10^7$
CFUの集落が出現し，7日間経過しても約2倍の$5.6×10^7$CFUの集落数であった。
BHI培地とR2A培地における出現集落数の比較では，後者において約2倍多い集落数
が認められた。

　また，25℃培養では，BHI培地，R2A培地，ともに培養1日目ではそれぞれ$1.6×$
$10^5$CFU，$2.9×10^5$CFUの集落数であったが，3日培養後にはそれぞれ$1.4×10^7$CFU，
$1.8×10^7$CFUに増加した。その後，5日培養後あるいは7日培養後でも出現集落数の
増加はほとんどなく，3日目の集落数と大差なかった。このように，バイオフィルム構
成菌としてBHI寒天培地のような栄養価の高い培地でも1日後に集落を形成できるよ
うな増殖速度の速い菌種が生息していることが明らかになった。

　前項で記述したように，バイオフィルムの構成菌種としてこれまであまり調べられて
いなかった増殖速度の速い菌種が存在することがわかった。そこで，新たにバイオフィ
ルムの菌種構成を明らかにするため，ここでも従来の生化学的性状試験ではなく，16S
rDNAの部分塩基配列を基に分離株の菌種同定を行った。

　その結果を培地および培養温度ごとに表6に示した。これを培養日数ごとにみると，

表5　各培地および培養温度における経日的出現集落数

| 培養時間<br>（日） | BHI 培地 | | R2A 培地 | |
| --- | --- | --- | --- | --- |
| | 36℃ | 25℃ | 36℃ | 25℃ |
| 1 | $1.2×10^7$* | $1.6×10^5$ | $2.6×10^7$ | $2.9×10^5$ |
| 3 | $1.9×10^7$ | $1.4×10^7$ | $3.2×10^7$ | $1.8×10^7$ |
| 5 | $2.0×10^7$ | $2.2×10^7$ | $4.0×10^7$ | $2.8×10^7$ |
| 7 | $2.1×10^7$ | $2.4×10^7$ | $5.6×10^7$ | $3.3×10^7$ |

＊ ：CFU/0.1 ml

バイオフィルム制御に向けた構造と形成過程

表6　各培養時間ごとの培地・培養温度別分離菌種

| 培養時間 | BHI 培地 | | R2A 培地 | |
| :---: | :---: | :---: | :---: | :---: |
| （日） | 36℃ | 25℃ | 36℃ | 25℃ |
| 1 | *Acinetobacter baumannii* *Pseudomonas alcaligenes* | *Acinetobacter baumannii* | *Acinetobacter baumannii* *Acidovorax temperans* | *Acinetobacter baumannii* |
| 3 | *Acidovorax temperans* *Diaphorobacter nitroreducens* | *Acidovorax temperans* *Pseudomonas alcaligenes* *Pseudoxanthomonas mexicana* | *Caulobacter* sp. *Lysobacter branescens* *Pseudoxanthomonas mexicana* | *Acidovorax temperans* *Pseudomonas alcaligenes* *Pseudoxanthomonas mexicana* |
| 5 | | | | *Diaphorobacter nitroreducens* *Lysobacter branescens* *Simplicispira* sp. |

　培養1日目ではBHI寒天培地，R2A培地のいずれにおいても36℃，25℃培養ともに共通して *Acinetobacter baumannii* が分離された。また，36℃培養においてBHI培地では *Pseudomonas alcaligenes*，R2A培地では *Acidovorax temperans* がそれぞれ分離された。培養3日目になるとR2A培地の36℃培養を除く各培養条件で *Acidovorax temperans* が分離され，またBHI培地の36℃培養を除く各培養条件では *Pseudoxanthomonas mexicana* が分離された。さらに両培地での25℃培養において *Pseudomonas alcaligenes* が分離された。このほか，BHI培地の36℃培養では *Diaphorobacter nitroreducens*，R2A培地の36℃培養では *Lysobacter branescens* がそれぞれ分離された。培養5日目ではR2A培地での25℃培養のみから3菌種が新たに分離され，*Diaphorobacter nitroreducens*，*Lysobacter branescens* および *Simplicispira* sp. であった。このように，R2A培地での25℃培養において合計7菌種の最多構成菌種が分離された。

　このように，富栄養培地で1日目に集落を形成できるような増殖速度の早い構成菌として，培養条件に関わりなく，*Acinetobacter baumannii* が共通して分離された。本菌株がバイオフィルム形成に関与する役割は今後の課題である。

　以上のように，分離同定された菌種は，これまでバイオフィルム構成菌としては，ほとんど報告されていない菌種であった。また，以前に検討した空調用冷却塔に発生したバイオフィルムの構成菌種[13]と比較しても明らかな相違が認められた。これらのことは，バイオフィルムの発生場所によって構成菌種が異なることを示唆するものであった。

　Kelley ら[16]がシャワーカーテンのバイオフィルムについて遺伝子学的な手法により構

第2章　バイオフィルム形成が及ぼす問題点と制御・防止対策

成菌種の解析を行ったところ，*Sphingomonas* spp. と *Methylobacterium* spp. が優占種であった。また，奥西ら[17]は，琵琶湖に生息するヨシのバイオフィルムについてフロラ解析を行ったところ，*α*-Proteobacteria の *Sphingomonadaceae* に属すると考えられる細菌が最も多かったが，同時に多種類の菌種が存在することを確認している。このように，バイオフィルムの構成菌は，バイオフィルムの発生場所によって異なることが推察される。

　住環境の水周りに発生するバイオフィルムは，いわゆる水垢であり，細菌の増殖により自然に発生するものである。何気なく見過ごしてしまえば気にならないものであるが，最近，度々話題になるのは建築様式の近代化により住環境に変化が生じたためバイオフィルムが多発するようになったのか，あるいは日々の生活を快適な住環境の中で過ごそうという意識が高まり，今まで以上に注意深く観察するようになったためであろうか。いずれにしろ，バイオフィルムに対して関心が高まってきているのは事実である。今後は何らかの対応策を講ずる必要があるが，今のところバイオフィルムに対する特効薬はない。相手が様々な微生物の集合体であるだけにバイオフィルムの発生を制御することは容易ではなく，微生物と人間との永遠の課題かもしれない。

　既述したようにバイオフィルムには富栄養培地で比較的短時間に集落を形成する菌種が構成菌種の一員であることが初めて明らかになった。しかし，これら分離株のバイオフィルム形成とその維持における役割や他の菌株との相互作用などはまったく未知の状態である。今後，バイオフィルム形成のメカニズムを十分に念頭に置いて，こうしたことが明らかになればバイオフィルム形成抑制においても得策が見つかるかもしれない。そうした日が来ることを切に願いたい。


# 文　　　献

1)　奥田賢一，生物工学会誌，**91**(1)，20（2013）
2)　森崎久雄，バイオフィルム—その生成メカニズムと防止サイエンス，p 49，サイエンスフォーラム（1998）
3)　兼子万里枝ほか，水道協会雑誌，**60**(1)，23（1991）
4)　古畑勝則ほか，防菌防黴，**18**(8)，407（1990）
5)　大島広行，バイオフィルム—その生成メカニズムと防止サイエンス，p 8，サイエ

ンスフォーラム（1998）

6) 上谷巌ほか，紙パ技協誌，**20**(1)，55（1966）

7) 日下大器ほか，防菌防黴，**20**(3)，125（1992）

8) 古畑勝則ほか，東京衛研年報，**43**，197（1992）

9) 古畑勝則，防菌防黴，**24**(11)，723（1996）

10) 古畑勝則，空気調和・衛生工学，**70**(1)，53（1996）

11) 古畑勝則，防菌防黴，**35**(3)，189（2007）

12) 古畑勝則，バイオフィルムの基礎と制御，p3，エヌ・ティー・エス（2008）

13) K. Furuhata *et al.*, *J. Gen. Appl. Microbiol.*, **55**, 69 (2009)

14) K. Furuhata *et al.*, *Biocont. Science*, **15**(1), 21 (2010)

15) 古畑勝則，防菌防黴，**36**(12)，881（2008）

16) S. T. Kelley *et al.*, *Appl. Environ. Microbiol.*, **70**, 4187 (2004)

17) 奥西将之，バイオフィルム入門，p93，日科技連出版社（2005）

## 2 血液透析の医療現場におけるバイオフィルム形成の問題点と解決への糸口

本田和美[*1]，大薗英一[*2]

### 2.1 はじめに

医療現場では治療や検査目的で種々の薬剤が非経口投与される。製薬工場で製造された無菌医薬品を用いるが，3つ例外がある。1つは再生医療や免疫療法用の調整細胞で2つ目がポジトロン断層法（PET）用の半減期の短い検査薬である。どちらも数週から数カ月に1回，1〜5ml投与され，クリーンベンチの中でディスポーザブルの滅菌器具を用いて作られる。

3つ目が血液透析用の透析液（糖加リンゲル液）である。血液透析とは，血液中の老廃物を半透膜対側の透析液中に濃度勾配で除去し，腎臓の排泄機能を肩代わりする治療である。腎臓が全く働かなくても外来通院で生命維持が可能で，2016年末時点では国内に32万人の透析者がいる。透析液は，1人1回100L以上，週に3回使用される。膜を介して直接血液に一部入るが，大量のため搬送が困難でありかつ重炭酸緩衝系でpH調整するので，各透析施設で調整後直ぐ使用される。

透析液製造系（図1）は洗浄消毒して再生利用するが，医療機器だからきれいなものという勝手な思い込みが—当初少なくとも私共には—あった。系に汚染が生じることはよく知られ，消毒薬の変更などの対策が採られるが有効手段はなくまたその原因もよく分かっていなかった。そこでこの系内で行われた製造・保守作業の微生物汚染に対する影響をみるために，透析液・透析用水を週単位で十余年非破壊検査として調査した。さらに汚染の起源を検討し解決方法を模索した。

### 2.2 配管内バイオフィルムの証明

#### 2.2.1 パルスフィールド法による Genotype の同一性

新規購入した26台の透析監視装置（図1右）を搬入後，洗浄開始時から経時的に生菌数試験を行った。取扱作業の清潔操作と日常洗浄法を標準作業手順書（SOP）に沿って行い，装置の上流側にUF膜を設置して洗浄液・透析液の菌・エンドトキシン陰性を担保して装置汚染のみを観察した[1]。Installation qualification/Operational qualification（IQ/OQ）を通して汚染度は洗浄開始時が最も高く，R2A培地を用いた希釈塗抹培養で$10^5$ CFU/mlを超える装置もあった（図2(a)）。1時間の水洗で1/10，化学洗浄も加

---

\* 1　Kazumi Honda　越谷大袋クリニック　製造管理部門　責任者

\* 2　Eiichi Osono　日本医科大学　微生物学・免疫学　講師

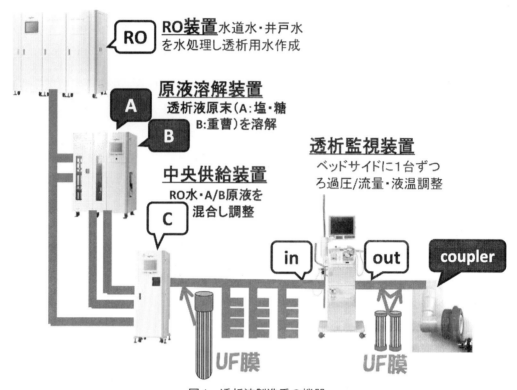

**図1 透析液製造系の機器**
現在国内でこの系のRO装置は5社,その下流は4社が主に製造している。

え3日後1/1000,1週後メンブレンフィルター(MF)法で(−)〜100 CFU/100 mlまで低下した[2]。エンドトキシン活性は最高55 EU/mlで,水洗1時間で1/1000未満となり2日目以降常に定量下限(0.005 EU/ml)を下回った。

Performance Qualification(PQ)としてその後4週毎に90週観察すると(−)〜50 CFU/100 mlを推移した。16S rRNA遺伝子の相同性で見た菌の多様性は洗浄開始時が最も高く,その後OQ期PQ期と収束した(図2(b))。長期間同一菌種が分離され,さらにパルスフィールド電気泳動法(PFGE)によるSpeI処理遺伝子パターンではgenotypeが同一の株であった(図2(c))[3]。透析液製造系を構成するすべての装置から,同様の結果が得られている[4]。

年単位で同一菌種・同一菌株の菌が分離されるということは,装置の配管内で安定して増殖し溶液中に菌を放出していることを現している。洗浄消毒を繰り返しても除去されずに配管壁にバイオフィルムとして棲着[5]している(図3)と考えられる。菌の分離＝バイオフィルムの存在,という認識がない業界での配管内バイオフィルムの証明法に

第2章 バイオフィルム形成が及ぼす問題点と制御・防止対策

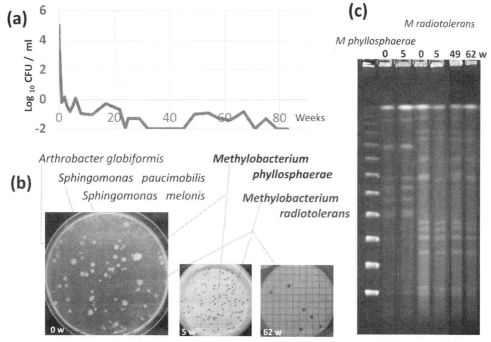

**図2 新規搬入された透析監視装置の汚染の推移**[2,3]
(a)生菌数の推移。図1の画面右Out部から採取したもの。
(b)塗抹法・MF法による分離菌種 洗浄開始時には5菌種，OQ期2菌種・PQ期1菌種分離した。
(c)分離されたMethylobacterium属のパルスフィールド電気泳動（PFGE）によるSpeI処理遺伝子のゲノムパターン。M phyllosphaeraeの洗浄開始時（0週目）と5週目，M radiotoleransの0週目と49週目の株が完全一致し，5週目62週目の株も2バンド以内の変異であった。どちらも経過中の分離菌株は洗浄開始時と遺伝子型が同一の菌株であった。

なると思われる。

### 2.2.2 作業者の手による水系汚染

製造系汚染の起源は何か。前述の結果を得る前にまずヒト由来の汚染を疑い週2回製造系内の汚染度を測定し，さらに日常製造や洗浄とその不具合，メンテナンス・故障などをすべて時系列で記録した[6]。当初は作業時の清潔操作の必然性が理解されず，汚染防止に必要なSOPもなかったため，エンドトキシン活性は作業後有意に上昇した（図4(a)）。手の常在菌はStaphylococcus属などグラム陽性球菌が主体であり，グラム陰性菌由来の物質で見た系の汚染に手の衛生状態は関与しないとの誤解があった。グローブジュース法で手の付着菌を集め，透析液中で増殖させるとグラム陰性菌主体に変化した

95

バイオフィルム制御に向けた構造と形成過程

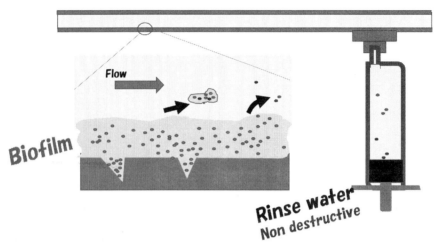

図3 透析監視装置内配管のバイオフィルムの模式図
この装置の給液側には6個のソレノイドバルブ・3本の側副路とデッドレグ，マグネットポンプ・脱気槽のような液の滞留部がある．透析液・洗浄液流速は0.5L/分に固定され主配管の内径6mmから想定されるレイノルズ数は1520と乱流ではない．固液界面から十数ミクロンは比較的「静かな世界」[5]として菌の増殖を許していると考えられる．

（図4(b)）[7]．変性濃度勾配ゲル電気泳動法（DGGE）で検討された皮膚常在菌の全菌検索による構成[8,9]と類似し，水系汚染の供給源に作業者の手が関与することが明らかとなった．製造系の作業時に「手を清潔にする」という介入試験が154施設で行われ[10]，原液溶解装置など開放作業部の菌の多様性が試験後に劇的に収束した（図5）．作業頻度の最も高い透析器（ダイアライザー）と接続するCoupler部では，*Aeromonas*属や*Serratia*属のような病原性のある腸内細菌群も認められ，介入後消失した．機器の取扱いで菌叢が変化しその後も同じ株が分離されるケース[4]も確認され，通過菌で終わらずに新たなバイオフィルムを形成，あるいは既存のバイオフィルムに取り込まれ安定増殖するようになったと考えられる．搬入機器の汚染も同様に部品や装置の組立時の作業に起因すると予測される．

### 2.2.3 分離菌構成の合目的性

SOPが整い，日常製造や機器の取扱作業時に手の衛生手技を守り清潔操作を続けると，UF膜上流のバイオバーデン部（図1C）のエンドトキシン活性は定量下限未満，生菌数（−）〜100 CFU/100 mlとなり無菌性保証水準（SAL）3のUF膜を設置して（−）/100 mlのultra pure（超純粋）[11,12]透析液の製造が可能となった．菌種も一定で$\alpha$-及び$\beta$-Proteobacteriaceae綱が観察され，菌株も年単位で同一[13]になった（図6

第2章　バイオフィルム形成が及ぼす問題点と制御・防止対策

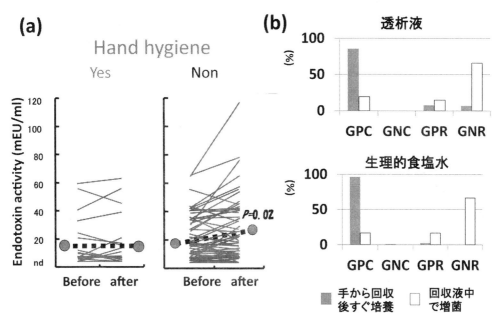

図4　手を介した水系汚染　エンドトキシン活性と培養法による分離菌
(a)メンテナンス作業前後の透析液汚染の推移[6)]
手の衛生手技を行えなかった場合，エンドトキシン活性が有意（Students' paired $t$-test P＝0.016）に上昇した。
(b)透析液・生理食塩水を用いたグローブジュース変法による手の分離菌[7)]
回収直後（グレー）と回収液中で増殖させた後（白）に分離された菌のグラム染色パターン。回収後3日で$10^2$〜$10^5$倍に増殖しグラム陰性菌の割合が有意（$\chi^2$；Scheffe's Post hoc P＜0.001）に増加した。GPC：グラム陽性球菌，GPR：グラム陽性桿菌，GNC：グラム陰性球菌，GNR：グラム陰性桿菌

(a)）。どの菌も液体培地で培養すると壁面にバイオフィルムを形成し，低濃度（10〜30 ppm）の次亜塩素酸処理には抵抗性を示した[14)]。これらを混合培養すると増殖性亢進（片利・相利共生）やバイオフィルム形成が促進（他利共生）する組合せが認められ[15)]，後者ではさらに消毒薬耐性が増強した（図6(b)）。配管壁のスワブで分離される菌は管内を流れる溶液中の菌と異なる[16,17)]が，溶液中の培養可能な菌のみの構成でも生存戦略として合理的な組み合わせが認められた。試験菌懸濁法では完全に殺滅する作用時間と濃度で日常的に洗浄消毒しているが，その環境でも菌は生存し菌株も変化しない。「現行の洗浄・消毒では不十分」[5)]と考える要因の一つと思われた。

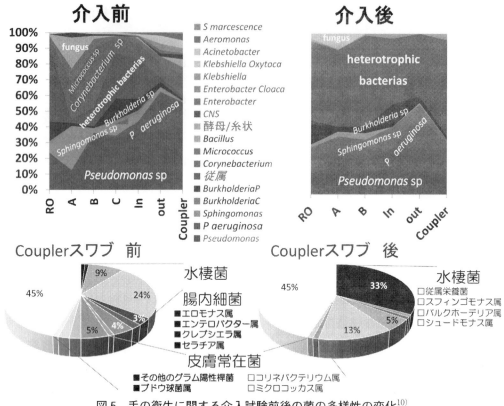

図5 手の衛生に関する介入試験前後の菌の多様性の変化[10]
上：154施設の透析液製造系から分離された菌種の割合
採取部の略号は図1参照。UF膜の設置の有無は施設ごとに異なる。各部から50 ml採取して検体を移送し，同じ検査機関で分離し生化学的性状で同定した。試験後，ヒトの作業が入る部位では多様性が収束した。
下：Coupler部からスワブ法で分離された菌の変化
□：介入前後とも観察された菌，■：介入前でのみ観察された菌

## 2.3 血液透析医療の現場の問題点

### 2.3.1 黎明期からOn-line血液透析ろ過（HDF）まで治療法の変遷

　血液透析は1960年代に臨床応用された。透析中に患者が熱を出す問題が生じ，透析液を普通寒天培地で培養すると$10^4$～CFU/mlの菌が分離され，患者血清からは抗エンドトキシン抗体が確認された。製造系が毎日定期的に洗浄消毒されるようになり，最初の透析液水質基準（AAMI：RD5米国）では当時の機器性能で到達可能な$10^3$，log値の取捨から上限が2000 CFU/mlに設定された。

　透析液製造系への清浄化対策で生菌数が低減すると，腎障害による貧血に対する造血

第2章 バイオフィルム形成が及ぼす問題点と制御・防止対策

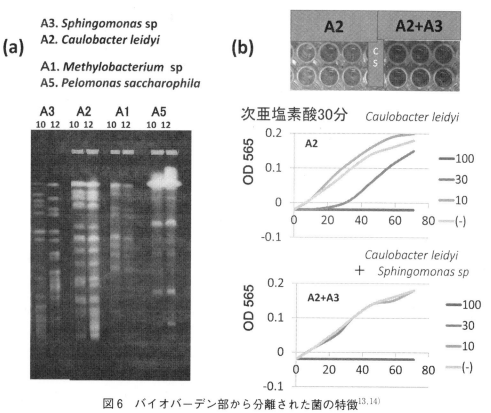

図6 バイオバーデン部から分離された菌の特徴[13,14]
(a) PFGE法による菌株の同定 2010年と2012年に図1Cから分離されたものを比較すると，A1, A2, A5の3菌種は菌株も同一であった。
(b)上：液体培地中で培養すると壁面にゲンチアン紫で染まるバイオフィルムが形成され分離菌の組み合わせにより増強した。
中・下：次亜塩素酸30分の処理で，低濃度10 ppmでは菌の増殖に影響しなかった。組み合わせにより30 ppmの影響もなくなり耐性が強化された。

ホルモンの必要量が減り炎症性物質（β2ミクログロブリン・IL1）の減少が認められ"標準"透析液の上限が1/10の100 CFU/mlに下げられた。その後，透析効率向上の目的でふるい係数の大きいハイパフォーマンス膜を用いたダイアライザーが開発され，UF膜（エンドトキシン捕捉フィルター：ETRF）でろ過した超純粋透析液が求められるようになった。さらに限外ろ過量を増やし補充液で置換する血液透析ろ過（HDF）法が考案され[18]，その補充液には製薬工場で製造された8〜10Lの大量注射液（LVP：Large Volume Product）[19]が用いられた。1990年代半ばからUF膜の多段化による"無菌化"理論（図7）[20]を根拠に，透析液をETRFのろ過で補充液に流用するOn-line HDFが行われるようになり，臨床効果の向上を目論み前稀釈法として50〜60L使用す

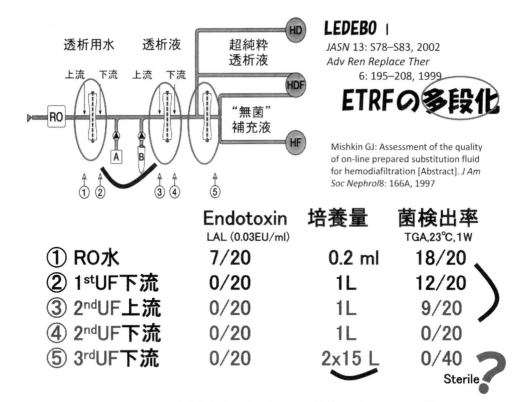

図7　ETRFの多段化によるOn-line HDF用補充液の無菌化理論
無菌補充液製造に係る3段目のETRFに滅菌した単回使用の製品を用いている。

る施設も登場した。この是非はさておき，現在32万人の透析者の約1/4がOn-line HDFを受けている。

### 2.3.2　日本の透析液清浄度の測定事情

　医療系の臨床微生物診断の対象は主に感染症起因菌であり水棲菌への関心は薄く，また分離菌不明の状況にBSL2を用意できる透析施設も僅かであった。用時必要性から透析の現場で測定可能なエンドトキシン活性が採用され，汚染を測るという考え方も一般化して製造系の清浄化に大きく寄与した。エンドトキシンは菌体物質として最も微量（1 ng(5 EU)/kg）で発熱する。生菌数とは相関せず，グラム陰性桿菌に抗菌薬を作用させると上昇し[21]一定の環境中ではPI染色による死菌数と正相関した[22]。13万人を対象とした生命予後への影響で，透析液のエンドトキシン活性の検出感度未満と0.1 EU/ml以上との間でのみ有意差が認められた[23]。日本では主に国際標準より一桁下まで測定可能な簡易法が用いられるが，メガデータの結果から0.01～0.001 EU/mlの測定意義に疑問が投げかけられている[24]。10～100 CFU/100 ml程度のグラム陰性菌の

第2章　バイオフィルム形成が及ぼす問題点と制御・防止対策

汚染で既に測定限界以下にある。生菌培養が要求されると、$\phi 9\,cm$ R2A 培地に 1 ml 塗抹・$CO_2$ センサー入り粉末培地に 10 ml 混和し陰性なら"無菌"とした時代を経て日本薬局方に準じた[12]が、何のために「測る」のか[25]理解されていない。さらに測定系（品質管理）と製造系（製造管理）の人員を分けることができない、バイオバーデンの概念がない、感度の検討なしに陰性とするなど、検査精度が標準化されていないために一朝一夕には解決できない問題があり、専門の外部検査機関の利用が現実的と思われる。

### 2.3.3　透析液製造系への清浄化対策の限界

透析液ひいては LVP の微生物制御戦略として、国際基準である ISO23500：2014[11] は「一度定着した微生物を完全に除去することは困難でありバイオフィルムの形成を制限する取り組みを積極的にするべき」としている。その上でバイオフィルム対策として bleach（化学消毒薬）と UV の有効性を挙げ、バイオバーデン数を一定範囲に収束[3,4]させることが可能である。毎日確実に洗浄される自動化された洗浄システム[26]も重要で、震災後の計画停電時に自動抜水されずに汚染が増悪した経験がある[27]。しかしこれらも万能ではない。10 時間程度の滞留ではバイオフィルム内へ深達しない薬剤もあり[28]、UV も菌損傷による一過性の培養不能状態を誘導しているに過ぎない[29]。熱水洗浄に期待が持たれたが Ao（80℃処理換算-秒）900 程度では洗浄後培養で陰性となっても、蛍光染色法による菌数は変化せず同一菌株が再度分離される[2]（図 8）。化学消毒同様、培養不能を誘導するだけで菌を消滅させていない。

ETRF は清浄化に不可欠[12]とされるが、3〜6 か月間再生利用される。化学消毒で膜の対数減数率 LRV が低下し[30]、ハウジングの接着剤などの劣化が生じる[31]。ETRF 設置後 3 か月で下流側から細菌が検出されたとの報告[32]を受け、上流側から漏れたものか DGGE 法で検討した。ETRF の上流側（バイオバーデン部）と下流側で菌叢は変化し（図 9）、菌は通過せず隔絶した[33]。下流側には別の汚染が生じ、上流側は ETRF が終点で堆積してバイオフィルムを形成していると予測される。消毒なしの連続使用では、数日〜8 週でエンドトキシン活性が下流側から測定されている[34]。

いずれも測定が困難なため、微生物制御を考えるうえで見逃がされている潜在的問題点になる。特に補充液への流用を考える場合には、根拠[20]に則り少なくとも final filters のディスポーザブル化が必要なのかもしれない。

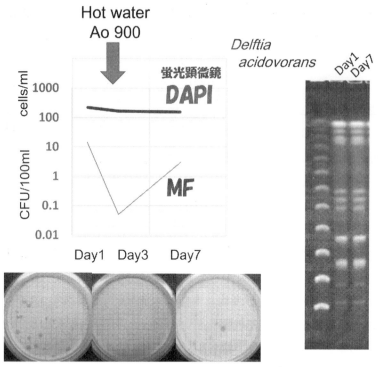

図8 熱水洗浄前後の分離菌の動向[2]
左：熱水消毒後生菌数は陰転し，4日目に再度陽性になった。しかし蛍光染色法では菌数は全く変化がなかった。
右：分離された菌は熱水消毒前後で同一菌種であり，Genotypeも同一の株であった。

## 2.4 問題点を解決するための打開策
### 2.4.1 現実対応手段
#### (1) バイオフィルムの存在の認識

透析液製造系のどの機器（図1）にも，機器を購入し設置した時にはバイオフィルム（図3）が存在する[4]。しかし存在を認識したうえで，適切に洗浄・消毒し微生物を混入させない日常作業を確立してバイオバーデン管理をすれば，PQ期にはETRF後の透析液をSAL4の高い水準で保証することが可能となる。搬入時の機器内バイオフィルムに対して，一部の業者で出荷検査後に洗浄・消毒が行われる（Personal communication）ようになり，検査後の配管内の溜り水[2,5,35]による汚染は軽減される方向にある。新品でも，倉庫に保管されていた期間や環境によって汚染度は違い[1]，低温で短期間[36]であるほど汚染度は低い。装置内の水の停滞時間を最短にするために業者側に協力を仰ぐ手段が奏功した[3]。

第2章 バイオフィルム形成が及ぼす問題点と制御・防止対策

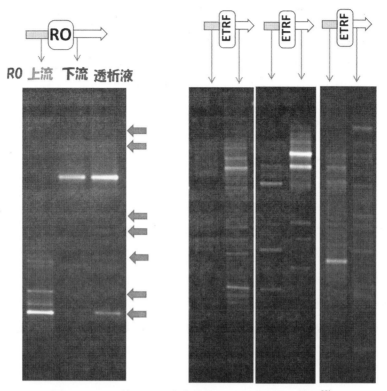

図9 DGGE法による全菌検索でみた膜ろ過の影響[33]
右：ROモジュールの上流と下流では菌叢が異なるが，図1(c)（A・B原液を加えた透析液）部はROと同じ菌の他に新たな菌が観察された。
左：3施設で，ETRFの上流と下流でパターンは異なり菌叢が変化した。

(2) 洗浄専用水路の確保

施設の新規開設時[4]には，初期洗浄に数週間当てることが可能である。しかし機器更新は透析診療と並行して行うので，初期洗浄は診療のない日曜日1日のみとなる。その後平日の診療中は液を滞留させ，終了後翌日まで他の機器と同じ洗浄消毒プログラムで洗浄する[2]方法に限られる。機器が使用可能になるまで効率よく汚染を解消しOQの確実性を高めるには，図1とは別ルートで洗浄専用にRO装置もしくはRO水配管を持つべきである。予防保全や事後保全の際の部品交換[37]にも役に立ち，交換を機に新たな細菌が配管内に侵入させないようにすることが可能になる。

(3) 個々の作業前に手を洗うこと

水系汚染の供給源に作業者の手が関与している。手洗いは手の衛生手技の基本であり大切さはよく知られているが，透析者の死亡原因第2位である感染症は年々増加傾向に

103

あり[38]，衛生管理の不手際による結末を周知している。自身の手はきれいだという誤認や仕事の効率化を言い訳に手洗いの優先順位を下げていないだろうか[39]。その対策としてクライエントである透析者が手を洗い清潔にすることを習慣化すれば（患者さんにも手洗いを）[40]，提供側である医療従事者はそれ以上の衛生管理を遵守する必要が出てくる。さらに準備段階から作業動線の中に細菌を混入しない手順を戦略として組み込むことで，優先順位を下げられない作業へ変えていくことが可能になる。

### (4) 標準手順書に沿った汚染を防ぐ操作

作業を手順書SOPに起こすあるいはSOPを変更する際には，一工程ごとに製造系への汚染を防止する操作が必要か考慮する。通常の医療に沿って系を開放する作業を対象とし，製造系とダイアライザーを繋ぐCoupler部の脱着[41]，透析液原液製造[42~44]，透析液・透析用水の品質管理のための液採取[45]などを汚染させずに反復作業することが清浄度の安定に繋がる。動線の短縮・工程分離による単純化・作業の技能専門化・順位付けによる簡素化をしてSOPが確実にできるようにした。さらに暫定的に定めた工程前後の測定指標の変化を観察し，手順が妥当か検討して作業者に周知させる手段を採っている。

### (5) SOP化の先

紙面に書き表せることには限界がある。作業者同士あるいは全体管理者も交えてSOPについて定期的に話し合いを持つと，文字や絵で表されたSOPを，実際に体を動かして実践したときの作業者間の違いが浮き彫りになる。あわてて工程細部を合わせずに，時間をかけ違う要因を探していく。このための話し合いを業務の一部として実施されるよう業務全体も見直すと，より作業の本態を捉えた安全性の高いSOPへ近づくことが可能となる。

### 2.4.2 抜本的な解決手段：機器構造・施設配管の問題

透析監視装置を例に挙げると，透析液の供給に係る本管の他に限外ろ過で水を除去するための圧力・水量制御系や補充液用の系，濃度・温度の計測系などの静止弁や減圧弁，分岐・側副路が多数存在する。透析液濃度の正確さや限外ろ過圧の安定性など秤量精度の高さが元々の機器性能として求められているためである。安全機能を獲得することを目的に複雑になり，全配管で常時流れはなくデッドレグとなっている。初期洗浄の不確実性[2]から洗浄されていない配管の存在が示唆され，この構造設計にバイオフィルム対策は加味されていないと考えられる。また材質も多様でその表面粗さ[35]や金属部の錆による劣化[31]は水系菌の温床となる。構造の単純化に加え，サニタリー配管・機器の使用が望まれる。さらに分枝の洗浄が確実に行える洗浄プログラムや，施設を設計する段階

第2章　バイオフィルム形成が及ぼす問題点と制御・防止対策

で，勾配や分岐など水流を考慮して洗浄・消毒が確実にできるように配管すべきである。

　無菌化に至る方策探しに腐心しているが，使用可能なものは log 単位の軽減を期待できず，目標達成可能なものは生体への安全性に確証が得られない。SAL をもう 1 - 2 稼ぐ，この道が遥か遠い。

　医療系は不思議な分野で，誰しもわざと汚そうとは思わないが自らが清潔であるかどうか無頓着である。生命維持管理装置である透析機器には，状況に合わせて法規制を容易に変更できる自動車の車検のような検査機構が必要なのかもしれない。

## 文　　献

1) 大薗英一，野呂瀬嘉彦，本田和美ほか，*Bacterial Adherence & Biofilm*, **30**, 95-99（2016）

2) 大薗英一，野呂瀬嘉彦，本田和美ほか，*Bacterial Adherence & Biofilm*, **30**, 101-105（2016）

3) 大薗英一，本田和美，井上有紀ほか，*Bacterial Adherence & Biofilm*, **31**, in press（2017）

4) 大薗英一，冨岡敏一，本田和美ほか，日本透析医会雑誌，**31**，209-216（2015）

5) 浦山由巳，小暮慶明，日本防菌防黴学会誌，**41**，353-358（2013）

6) 本田和美，井上有紀，大薗英一ほか，日本透析医学会雑誌，**43**，361-366（2010）

7) Osono E., Honda K., Inoue Y. *et al.*, *Biocont. Sci.*, **22**, 61-65（2017）

8) Grice E. A., Kong H. H., Conlan S. *et al.*, *Science*, **324**, 1190-2（2009）

9) Kong H. H., *Trends Mol. Med.*, **17**, 320-8（2011）

10) 南伸治，大薗英一，霧島正浩，武本佳昭，日本防菌防黴学会誌，**41**，377-384（2011）

11) ISO. Guidance for the preparation and quality management of fluids for haemodialysis and related therapies. ISO 23500: 2014

12) 秋葉隆，川西秀樹，峰島三千男ほか，日本透析医学会雑誌，**41**，159-167（2008）

13) 大薗英一，日本防菌防黴学会誌，**41**，439-445（2013）

14) Osono E., *Bacter. Adher. Biofilm*, **28**, 35-40（2014）

15) 冨岡敏一，大薗英一，坂元仁ほか，日本透析医会雑誌，**28**，181-197（2013）

16) Mori M., Gomi M., Matsumune N. *et al.*, *Biocontrol Sci.*, **18**, 129-35（2013）

17) Feazel L. M., Baumgartner L. K., Peterson K. L. *et al.*, *Proc. Natl. Acad. Sci. USA*, **106**, 16393-9（2013）

18) ISO, Annex A1, Microbiological contaminations in dialysis fluid, In Quality of dialysis fluid for haemodialysis and related therapies, 7-8, ISO11663 2009 (first edition)

19) 布目温, *PHARM TECH JAPAN*, **30**, 41-47 (2014)

20) Ledebo I., *Adv. Ren. Replace. Ther.*, **6**, 195-208 (1999)

21) 松田耕二, 柴田兼良, 真田実ほか, 日本化学療法学会雑誌, **41**, 345-350 (1993)

22) 大薗英一, 井上有紀, 本田和美ほか, 腎と透析, **85**, 別冊 HDF 療法'18, in press (2018)

23) Hasegawa T., Nakai S., Masakane I. *et al.*, *Am. J. Kidney Dis.*, **65**, 899-904 (2015)

24) Meyer KB., *Am. J. Kidney Dis.*, **65**, 817-819 (2015)

25) 片山博仁, 透析スタッフ, **2**(4), 100-122 (2014)

26) 大西亨, 今井正己, 井越忠彰, 春原隆司, 透析スタッフ, **2**(4), 39-46 (2014)

27) 本田和美, 熊谷拓也, 根岸秀樹ほか, 腎と透析, **75**, 別冊 HDF 療法'13, 108-110 (2013)

28) Lee W. H., Wahman D. G., Bishop P. L., *et al.*, *Environ. Sci. Technol.*, **45**, 1412-1419 (2011)

29) 黒田裕介, 山本英則, 赤木龍司ほか, 血浄技術会誌, **21**, 263-265 (2013)

30) 岡留哲也, 竹澤真吾, 板垣正幸ほか, 腎と透析, **53**, 別冊 HDF 療法'02, 112-114 (2002)

31) 濱本統久, 牧尾健司, 室秀一ほか, 日本防菌防黴学会誌, **41**, 459-463 (2013)

32) Oie S., Kamiya A., Yoneda I., *et al.*, *J. Hosp. Infect.*, **54**, 115-9 (2003)

33) 本田和美, 日本防菌防黴学会誌, **41**, 453-458 (2013)

34) 小幡徹, 清水智治, 谷徹, 腎と透析, **77**, 別冊 HDF 療法'14, 25-27 (2014)

35) 中島隆規, 小松未佳, 平山重光, PHARM TECH JAPAN, **25**, 2865-2875 (2009)

36) 冨岡敏一, 大薗英一, 坂元仁ほか, 日本透析医会雑誌, **29**, 292-300 (2014)

37) 本田和美, 大薗英一, 野呂瀬嘉彦ほか, 腎と透析, **67**, 別冊 HDF 療法'09, 72-76 (2009)

38) 日本透析医学会, 図説 わが国の慢性透析療法の現況, http://docs.jsdt.or.jp/overview/index.html

39) 大薗英一, 保健医療行動科学会年報, **26**, 8-19 (2011)

40) 4学会合同委員会, 透析施設における標準的な透析操作と感染予防に関するガイドライン四訂版, https://www.city.taito.lg.jp/index/kurashi/iryo/imuyakujieisei/oshirase/iryou/iryouanzentaisei.files/touseki.4tei.pdf

41) 本田和美, 中野美佳, 加来清美ほか, 日本臨床工学技士会会誌, **37**, 354-356 (2009)

42) 本田和美, 根岸秀樹, 熊谷拓也ほか, 腎と透析, **81**, 別冊 HDF 療法'16,

第2章　バイオフィルム形成が及ぼす問題点と制御・防止対策

215-217（2016）
43）　本田和美，根岸秀樹，熊谷拓也ほか，腎と透析，**79**，別冊 HDF 療法'15，188-190（2015）
44）　本田和美，熊谷拓也，根岸秀樹，透析スタッフ，**2**(4)，21-27（2014）
45）　井上有紀，大薗英一，本田和美ほか，日本透析医学会雑誌，**41**，819-825（2008）

## 3　口腔バイオフィルムの特殊性と制御法の現状

泉福英信*

### 3.1　はじめに

　口腔にできるバイオフィルムは，歯という硬い表面と舌という柔らかい組織表面および口腔粘膜という上皮が剥がれていく表面にできる3様の形態をとる。さらに抗菌物質，消化酵素や粘稠性物質が含まれた唾液という液体に曝され，定期的な食事による栄養源の供給もある。歯磨きにより除去されながら，一定量のバイオフィルムが常に形成される状況となる。菌にとっては，口腔は過酷な環境でありまた栄養源が供給され増殖に十分の環境でもある。そのような状況の中で，少子高齢化や寿命の延伸が起こり，歯周病や誤嚥性肺炎などが発症する病原微生物の供給源として，口腔バイオフィルムが問題になってきた。口腔バイオフィルムには，歯磨き後の磨き残しが歯と歯の間，歯と歯肉の隙間，歯と歯がぶつかるところにできる。これらのバイオフィルムが起点となり再度増殖してくる。このバイオフィルム形成の繰り返しが，歯周病や誤嚥性肺炎に関わる微生物が感染しやすい環境をつくると考えられている。このような特殊な口腔バイオフィルムをどのように制御していくかこの重要課題について解説する。

### 3.2　口腔におけるバイオフィルム形成の特殊性

#### 3.2.1　歯表面における口腔常在バイオフィルム形成菌の付着，凝集

　まず初めに，バイオフィルム微生物は口腔常在菌であり，唾液成分に被覆された口腔表面に付着する。ハイドロキシアパタイト成分でできた歯牙は，結晶構造は安定で蛋白質吸着性が高く，よって歯表面に唾液中の酵素，抗菌物質，糖蛋白質などが吸着していく。歯表面に吸着した蛋白質と相互作用する初期付着菌群（表1）が歯表面にまず結合してくる。結合した菌は増殖しコロニー形成する。さらに付着した菌の産生する酵素（グルコシルトランスフェラーゼ，フルクトシルトランスフェラーゼ）により，摂取されたスクロースなどを基質として利用し多糖体を合成する[1]。この多糖体ができると，菌は凝集しその塊が歯表面に付着して，唾液により流されにくくなり，その場に蓄積していく。蓄積した菌は，クオラムセンシング（図1）が誘導され，抗菌物質の産生，遺伝子の取り込みなどが起こり，菌にとって都合のよい状況に徐々になっていく[2]。特にStreptococcus mutans によるバイオフィルムは非水溶性グルカンや水溶性グルカンなどの多糖体により形成され（図2），凝集性，付着性が強く水に流されにくい。しかし，

---

　**＊**　Hidenobu Senpuku　国立感染症研究所　細菌第一部　室長

第2章　バイオフィルム形成が及ぼす問題点と制御・防止対策

**表1　初期付着菌群**

| 口腔細菌 |
| --- |
| *Actinomyces naeslundii* |
| *Actinomyces oris* |
| *Streptococcus sanguinis* |
| *Streptococcus gordonii* |
| *Streptococcus oralis* |
| *Streptococcus mitis* |
| *Neisseria sp.*　　　　　*etc.* |

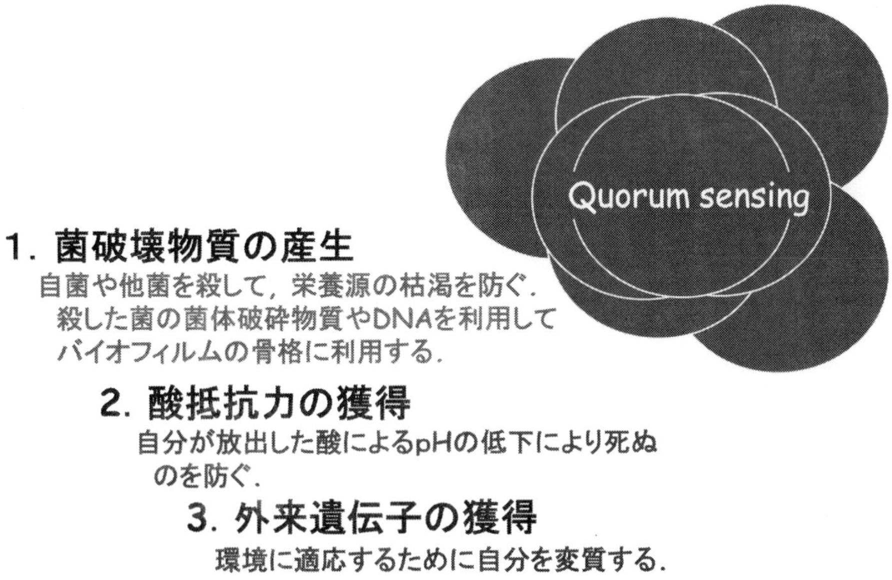

Quorum sensing

## 1. 菌破壊物質の産生
自菌や他菌を殺して，栄養源の枯渇を防ぐ.
殺した菌の菌体破砕物質やDNAを利用して
バイオフィルムの骨格に利用する.

## 2. 酸抵抗力の獲得
自分が放出した酸によるpHの低下により死ぬ
のを防ぐ.

## 3. 外来遺伝子の獲得
環境に適応するために自分を変質する.

図1　*S. mutans* におけるクオラムセンシングの機能

この時点ではまだ歯磨きにより物理的に除去することが可能である。

### 3.2.2　死菌による口腔バイオフィルム形成

　スクロースが基質となり菌が分泌した酵素により多糖体が合成される。この多糖体により口腔バイオフィルムが成熟し形成されるというのが今までのバイオフィルム形成メカニズムであった。しかし，近年我々のグループにより，ラフィノースのようなオリゴ糖でも，多糖体を合成しバイオフィルムを形成することが明らかになった[3]。0.25％ラフィノースを混ぜた Toryptic soy 培地（TSB）に *S. mutans* を加え培養すると，バイオフィルムが形成された（図3）。このバイオフィルムは死菌が多く，多糖体としてフルクタンが合成され，このフルクタンと細胞外 DNA を利用してバイオフィルムを形成し

バイオフィルム制御に向けた構造と形成過程

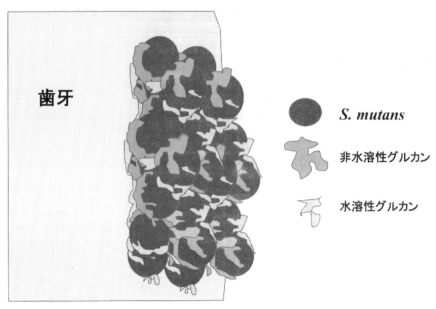

図2 非水溶性および水溶性グルカンによる S. mutans バイオフィルム

図3 ラフィノースによる S. mutans バイオフィルム
　　（文献3）を改変)

第2章 バイオフィルム形成が及ぼす問題点と制御・防止対策

ていることが明らかとなった。このように，グルカンを利用しないでバイオフィルムを形成できるという新たなバイオフィルム形成メカニズムが明らかとなった。ラフィノース以外でも他のオリゴ糖であるケストースやラクトスクロースもバイオフィルム形成することが明らかとなった。いずれのオリゴ糖も，フルクトースが先端に付いており（図4），このフルクトースをフルクトシルトランスフェラーゼが切断および重合してフルクタンを合成しているのではないかと示唆された。オリゴ糖は，きな粉，えんどう豆，小豆，たまねぎ，はちみつ，大豆などに含まれている。これらは，ヒトの食事で常に摂取している食材である。砂糖を摂取していなくても，これらのオリゴ糖を摂取していれば，フルクタン，死菌，細胞外DNAを利用して口腔バイオフィルムは形成される。しかし死菌と細胞外DNAができるメカニズムは，様々である。クオラムセンシングにより，バクテリオシンやオートライシンが産生されて，菌が破壊され中のDNAが露出することにより生じる。また，菌が増殖と凝集することにより，糖を代謝し酸を産生，局所のpHが低下，その低pHにより菌が死に死菌やDNAが露出する。口腔バイオフィルムは，死菌，細胞外DNA，多糖体をうまく組み合わせて様々な環境条件において形成される。

### 3.2.3 歯石形成

磨き残したバイオフィルムが蓄積し死菌が増え，それが唾液腺開口部付近で唾液に曝されると，唾液に含まれたCaイオンやPイオンにより石灰化が起こり，リン酸カルシウムを主成分とする歯石が形成される。これを，歯肉縁より上に出来れば，歯肉縁上歯

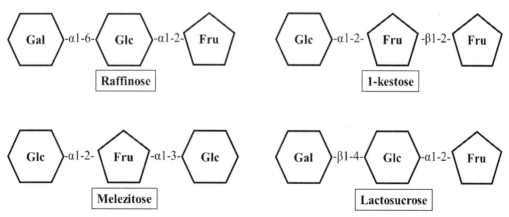

図4 バイオフィルムを形成させるオリゴ糖の構造
単糖がグリコシド結合によって数個結合した糖類のオリゴマーで，分子量としては300〜3000程度，きな粉，いんげん，えんどう豆，小豆，たまねぎ，はちみつ，大豆などに含まれる。

*111*

石と呼ぶ。さらに，歯肉溝内もしくはポケット内で歯肉溝浸出液に曝されて石灰化が起こり，歯石が形成される。これを，歯肉縁より下に出来る歯肉縁下歯石と呼ぶ。歯肉縁上歯石は黄白色もしくは灰白色で，歯肉縁下歯石は暗褐色の色を呈している。これらは，石と言うように硬く，歯磨きでは到底落とすことができない。歯石ができるとその周囲は，物理的に澱みができるようになりさらなるバイオフィルム形成の足場を作ってしまう。こうなると，歯科医師や歯科衛生士により特殊技術で除去してもらうしか方法がなくなる。

### 3.2.4 舌上のバイオフィルム

舌上部表面は，舌乳頭と呼ばれる細かい突起が密集しており，細かい凸凹構造になっている。そのため菌が留まりやすい。舌上も歯表面と同じようにバイオフィルムが形成される。それを一般的に，舌苔と呼ばれている。口臭の大きな原因になると言われている。舌苔も舌表面に強固に付着しているので，うがいでは除去できない。舌ブラシを使って，物理的に除去するのが通常である。定期的な除去が望ましい。

### 3.2.5 口腔粘膜のバイオフィルム

口腔粘膜のバイオフィルムは，歯表面とは異なり付着して凝集する菌は少なく，表面に一層付着する菌が大勢である。菌が粘膜上皮に付着したとしても，粘膜上皮とともに剥がれ，また一から菌の付着が始まる。うがいでも剥がれやすく，常に菌叢がリフレッシュしている状態である。

### 3.2.6 日和見菌による口腔バイオフィルム形成

日本は，平均寿命が延び（男性80.98歳，女性87.14歳）となり，世界第2位の長寿国となった。また総人口に占める65歳以上の割合（高齢化率）は26.0％となり，4人に1人以上は高齢者で高齢化国家となっている。2060年には高齢化率は39.9％に達し，2.5人に1人が65歳以上にあると予測されている。健康寿命（健康上の問題がない状態で日常生活を送れる期間）と平均寿命との差が，男性で約9年，女性13年となり，健康でない状態で生きる期間も長くなっている。

近年，肺炎が脳血管疾患を抜いて死亡原因の3番目に位置付けられるようになった。特に高齢者になると誤嚥性肺炎が肺炎原因の70％を占めるようになり，口腔微生物が肺に入り肺炎を起こすきっかけになることが危惧されている。今後高齢者率が高くなると，肺炎で亡くなる患者は一層増えることが予想される。要介護高齢者，長期入院患者，特に口腔領域の癌手術後患者，骨髄移植後の患者などの易感染者においての肺炎のリスクは高く，口腔微生物を介して肺炎を起こすリスクは高まる一方である。よって，口腔微生物の病原性の研究の重要性は高まっている。特に高齢者，骨髄移植患者や癌手術後

第2章 バイオフィルム形成が及ぼす問題点と制御・防止対策

患者など免疫力が低下した場合，日和見菌が口腔で検出されるようになる[4]。真菌 *Candida albicans*, *Candida parapsilosis*，ブドウ球菌 *Staphylococcus aureus*，緑膿菌 *Pseudomonas aeruginosa*，腸内細菌 *Enterobacter cloacae*，肺炎桿菌 *Klebsiella pneumoniae*，病院感染起因菌 *Stenotrophomonas maltophilia*, *Serratia marcescens*，肺炎球菌 *Streptococcus pneumoniae* が歯垢，舌上，口腔粘膜のバイオフィルムに検出される。またこれらの菌群の中で，高齢者の場合，*C. albicans*, *Pseudomonas spp.*, *S. marcescens* などは，寝たきりの程度に依存して増えてくる[5]（図5）。これらの菌が増えてくると口腔や全身の健康が保たれない状況になってくる。

これらの日和見菌の感染を口腔ケアにより無くすことは極めて難しい。歯垢に対する口腔ケアのみでは，日和見菌量を減少させることは難しい。口腔粘膜ケアを加えた口腔ケアを3ヵ月以上続けることによって，*C. albicans* の口腔感染量を減少させたという報告がある（図6）[6]。

### 3.2.7 口腔バイオフィルム形成と口臭

口臭は，摂取された食物や歯垢や舌苔の蛋白質を口腔内細菌が分解して放出する硫化

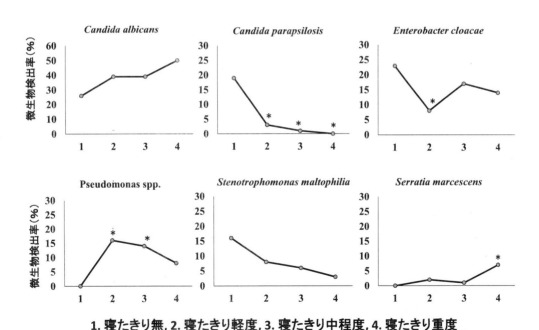

図5 寝たきり度に依存した高齢者の歯垢中日和見菌検出率
 ＊：$p<0.05$，vs 寝たきり無
 （文献5）を改変）

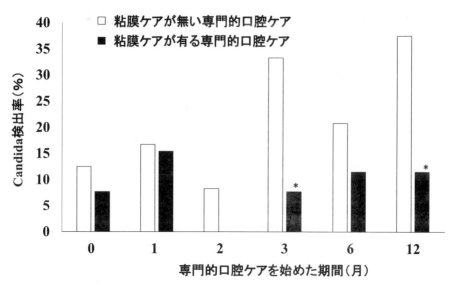

図6 歯科衛生士による専門的口腔ケアを行った高齢者の口腔のCandida検出率
粘膜ケアの効果の検証
＊：$p < 0.05$，粘膜ケア有 vs 粘膜ケア無
（文献6）を改変）

水素，メチルメルカプタン，ジメチルサルファイド，酪酸が原因となる。*Fusobacterium nucleatum* や *Porphyromonas gingivalis* などの口腔バイオフィルム形成菌かつ歯周病関連細菌群が口臭発生菌として考えられている[7]。これらの菌の中で，特に *F. nucleatum* は，他の様々な菌と結合してバイオフィルム形成の中心的存在として位置付けられている（図7）。歯垢および舌苔の除去が口臭抑制のために効果的である。物理的なバイオフィルムの除去に加え，化学療法による除去方法の確立が重要と考えられ研究が進められている。

### 3.2.8 口腔バイオフィルム形成と全身疾患

口腔バイオフィルムが肺炎，心疾患（心内膜炎，心筋梗塞），糖尿病などの様々な全身疾患の発症と関連していることが近年報告されている[8]。口腔バイオフィルムは，増殖していった結果一部が剥がれ始める。これらが，大量に肺の中に誤嚥されれば，菌塊が肺の中へ入ることになる。通常，菌が肺に感染したとしても免疫力により処理され排除される。免疫力が低下している時には，感染した菌は排除されず留まることになり，肺炎を発症させる。また，歯周組織周囲のバイオフィルムからは，菌が歯周組織や毛細血管に侵入する機会が多い。この結果，菌血症が起こる。この菌血症は，歯を磨いても，歯の咬み合わせをしても起こる。この菌血症は，通常単球などにより貪食され問題なく

第2章 バイオフィルム形成が及ぼす問題点と制御・防止対策

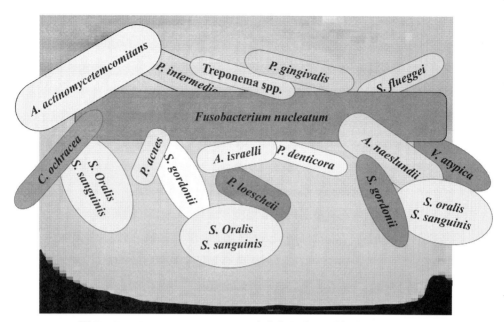

図7 *Fusobacterium nucleatum* を中心とする口腔バイオフィルム
(P. E. Kolenbrander, J. London, *J. Bacteriol.*, **175**, 3247-3452 (1993) を改変)

改善されるが,たまたま生き残った菌が心臓や脳へ到達すると,そこで定着,増殖し,菌塊をつくる。そうなると,免疫系細胞により除去されにくくなり,心疾患や脳疾患を発症する。

### 3.3 口腔バイオフィルム形成の制御方法
#### 3.3.1 物理的な口腔清掃方法
　口腔バイオフィルムを除去する一番効率のよい方法はブラッシングを利用した物理的な除去方法である。しかしブラッシングでは,完全にバイオフィルムを除去することはできない。特に歯と歯の間,歯と歯肉の隙間,歯の咬合面の溝は歯ブラシの先が届きにくく磨き残しやすい。その場合,歯間ブラシやデンタルフロスを併用するとよい。それでも残ってしまったバイオフィルムは,歯科医師や歯科衛生士により専門的な口腔ケアを受けることによって除去するしかない。
#### 3.3.2 代用甘味料を用いたバイオフィルム未形成
　糖アルコール類,スクロース構造異性体や非糖質系甘味料が代用甘味料として使用される。糖アルコールには,ソルビトール,マルチトール,エリスリトール,キシリトールなどがあり,スクロース構造異性体にはパラチノース,非糖質系甘味料にはステビア,

バイオフィルム制御に向けた構造と形成過程

アスパルテームがある。これらは，代謝されて増殖するためのエネルギー源にならず，またスクロースのように多糖体形成の材料にはならないため，バイオフィルム形成の材料にならない。

### 3.3.3 洗口剤によるバイオフィルム形成抑制

グルコン酸クロルヘキシジン，アルコール，塩化セチルピリジニウム，フッ化ナトリウム，チモールなどが含まれた溶液を用いて洗口をする。グルコン酸クロルヘキシジン，アルコール，塩化セチルピリジニウムなどは，う蝕原因菌の *S. mutans* や歯周病関連菌の *Porphyromonas gingivalis* に対して殺菌作用があり，その効果を期待して洗口液に入れる。フッ化ナトリウムは増殖抑制，デキストラナーゼは *S. mutans* が産生する多糖体を分解するのを期待して，洗口剤に入れて使用する。これらは，バイオフィルムを形成してからでは，バイオフィルムにより薬剤の効果が発揮しにくくなるため，物理的な口腔清掃によりバイオフィルムを除去してからこれらの洗口剤を使用した方がよい。

### 3.3.4 歯磨きペーストによるバイオフィルム形成抑制

グルコン酸クロルヘキシジン，フッ化ナトリウム，デキストラナーゼ，フルクタナーゼ，トリクロサン，カテキンなどの抗菌物質や多糖体分解剤などを入れた歯磨きペーストがバイオフィルム除去に効果的と考えられている。歯磨きの基本は，口腔バイオフィルムの物理的除去のためのものだが，歯磨き後バイオフィルムという傘が無くなることによって，抗菌剤などの薬剤が菌へ到達しやすくなり，より薬剤の効果が期待できるようになる。歯磨きペーストに入れることで，その薬剤が瞬時に効果を現すことを期待できる。一方，デキストラナーゼは，バイオフィルム形成における菌の付着，凝集，成熟に関わる多糖体であるグルカンを分解する酵素であり，バイオフィルム形成の大元を絶つ効果が期待できる。フルクタナーゼも多糖体であるフルクタンを分解する酵素であることから，細胞外 DNA と連携してバイオフィルム形成を誘導するフルクタンを分解することが期待できる。

フルクタナーゼは，フルクタンの分解以外にもグルカン合成の基質となるスクロースを分解することが明らかとなった[9]。よって，スクロースをグルカン合成する基質として使われる前にフルクタナーゼにより分解すれば，グルカンができなくなるのでバイオフィルムは形成されない。この効果は，口腔粘膜に多数存在する *Streptococcus salivarius* を *S. mutans* と共培養するとバイオフィルムが抑制されることから明らかになった（図8）。*S. salivarius* の培養上清からバイオフィルム抑制物質を精製するとそれがフルクタナーゼであることが MALDI TOF-MS 解析（図9）により明らかとなった。フルクタナーゼは，スクロースに加えると2糖構造を構成しているグルコースとフ

第 2 章　バイオフィルム形成が及ぼす問題点と制御・防止対策

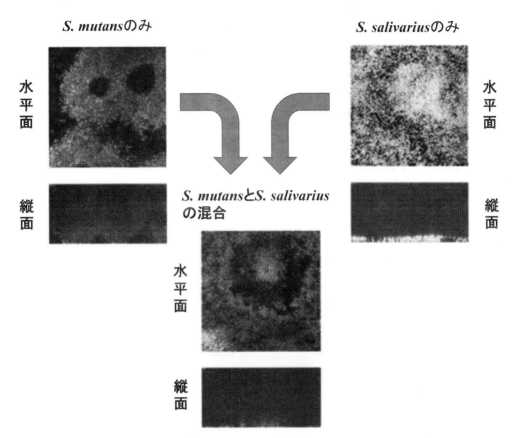

図8　S. mutans と S salivarius とを混合したバイオフィルム形成
(S. Tamura, H. Senpuku *et al.*, *Oral Microbiology and Immunology*, **24**, 152-161 (2009) を改変)

ルクトースの間を切断する（図10）。フルクタナーゼは，60℃の熱を加えても酵素活性は阻害されないので，歯磨きペーストに加えても長期安定して効果を期待することができる。

**3.3.5　クオラムセンシング阻害によるバイオフィルム形成抑制**

　クオラムセンシングを阻害することにより，バイオフィルム形成やその活性を抑制する方法は，バイオフィルムの病原性を失わせるために効率の良い方法である。口腔フローラを障害させることなく，バイオフィルムの病原性のみを失わせるためには，クオラムセンシングの活性を阻害することがよい。S. mutans のクオラムセンシングにオートインデューサーの Colony Stimulating Peptide（CSP）に依存したシグナル活性がある。この CSP は，バクテリオシン産生，遺伝子の取り込。バイオフィルム形成などの活性に関わる。この CSP 依存クオラムセンシング実験にフルクタナーゼを加えると，

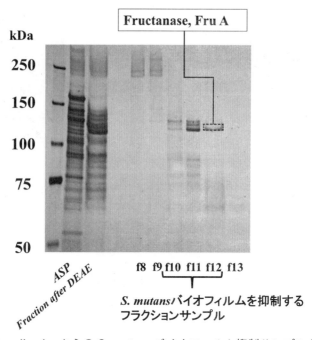

図9 *S. salivarius* からの *S. mutans* バイオフィルム抑制サンプルを用いた SDS-PAGE 後の TOF-MS 解析
（文献9）を改変）

バクテリオシン活性や遺伝子の取り込みなどの CSP 依存クオラムセンシング活性を抑制することが明らかとなった（図10）[10]。よって，フルクタナーゼはフルクタンやグルカン合成を阻害してバイオフィルム形成を阻害することに加え CSP 依存クオラムセンシング活性も阻害することが明らかとなった。

## 3.4 おわりに

社会背景，生活環境，食生活など様々な事象に影響を受ける口腔バイオフィルムを制御していくことは，ヒトが生存していく上で重要な課題である。美味しいものを死ぬまで自分の歯で食べることが，人類の幸せであると考えれば，この課題の重要さがわかる。よりよい制御方法を開発するためには，研究の終わりはない。研究者は歯を1本も無くさない方法を開発することを目指して，突き進んでいくしかない。

第 2 章　バイオフィルム形成が及ぼす問題点と制御・防止対策

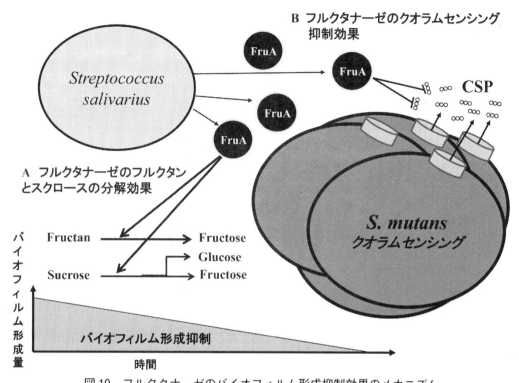

図 10　フルクタナーゼのバイオフィルム形成抑制効果のメカニズム
（R. Nagasawa, H. Senpuku *et. al.*, *Appl. Environ. Microbiol.*, doi: 10.1128, (2017) を改変）

## 文　　献

1) H. Aoki, T. Shiroza, M. Hayakawa, S. Sato, H. K. Kuramitsu, *Infect Immun.*, **53**(3), 587-594 (1986)

2) P. Suntharalingam, D. G. Cvitkovitch, *Trends Microbiol.*, **13**, 3-6 (2005)

3) R. Nagasawa, T. Sato, H. Senpuku, *Appl. Environ. Microbiol.*, doi: 10. 1128/AEM. 00869-17 (2007)

4) H. Senpuku, A. Tada, S. Uehara, R. Kariyama and H. Kumon, *Journal of International Medical Research*, **34**, 95-102 (2006)

5) H. Senpuku, A. Sogame, E. Inoshita, Y. Tsuha, H. Miyazaki and N. Hanada, *Gerontology*, **49**, 301-309 (2003)

6) Y. Nishiyama, E. Inaba, H. Uematsu and H. Senpuku, *Archives of Gerontology & Geriatrics*, **51**, e139-e143 (2010)

7) H. Senpuku, A. Tada, T. Yamaga, N. Hanada and H. Miyazaki, *International Dental Journal*, **54**, 149-153 (2004)

バイオフィルム制御に向けた構造と形成過程

8) J. Hirschfeld, T. Kawai, *Cardiovasc Hematol Disord Drug Targets.*, **15**(1), 70-84 (2015)

9) A. Ogawa, S. Furukawa, S. Fujita, J. Mitobe, T. Kawarai, N. Narisawa, T. Sekizuka, M. Kuroda, K. Ochiai, H. Ogihara, S. Kosono, S. Yoneda, H. Watanabe, Y. Morinaga, H. Uematsu and H. Senpuku, *Applied Environmental Microbiology*, **77**, 1572-1580 (2011)

10) Y. Suzuki, R. Nagasawa, H. Senpuku, *Journal of Infection and Chemotherapy*, **23**(9), 634-641 (2017)

# 4 バイオフィルム制御と洗浄技術

福﨑智司*

## 4.1 バイオフィルムの形成と洗浄による制御

　微生物は，自然界のあらゆる場所に生息しており，その多くは"界面"を住処としている。固液界面への汚れの付着は，自発的に起こる。微生物の付着も同様であり，細胞の生死に関わらず機器表面への付着は自発的である。そして，水のあるところに微生物は増殖する。個々の微生物細胞の初期付着は，可逆的である場合が多く，洗浄による除去も容易である。しかし，付着時間が延長すると，徐々に微生物は不可逆的な付着に移行する。微生物の中には固体表面で酸性多糖類やタンパク質を含有する細胞外ポリマーを生成して自らの細胞周囲を覆い，細胞間の凝集を維持・促進させてバイオフィルムを形成する。バイオフィルムが三次元構造に発達してしまうと，薬剤の内部拡散が妨げられ，洗浄・殺菌作用に対して強い抵抗性を示すようになる。そのため，バイオフィルムの形成を防止する基本的対策としては，できるだけ早い段階で栄養源となる有機成分および微生物を洗浄操作で除去することである。

　図1に，微生物の増殖曲線の初期における時間（$t$）と生菌数（$X$）の関係を示す[1]。微生物は，増殖の準備期間である誘導期を過ぎると指数関数的な増殖期に入る。当然な

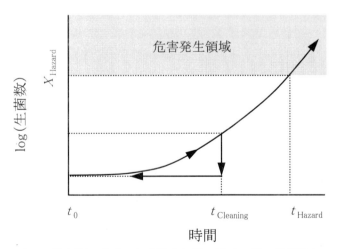

図1　微生物の増殖と危害発生領域に達する前の周期的な
洗浄による微生物数の減少[1]

---

*　Satoshi Fukuzaki　三重大学　大学院生物資源学研究科　生物圏生命化学専攻
　　海洋微生物学研究分野　教授

がら，微生物による危害は一定の生菌数（$X_{Hazard}$）に達してから発生する。したがって，危険生菌数に達する時間（$t_{Hazard}$）よりも前に洗浄時間（$t_{Cleaning}$）を設定して生菌数を元の菌数（$X_0$）に戻せば，理論上は永久に危険生菌数に達することはない。微生物制御において，周期的に繰り返し実施する洗浄の役割はきわめて大きい。

洗浄の目的が有機物汚れ除去である場合，アルカリ剤と界面活性剤を用いた湿式洗浄が有効である。また，バイオフィルムの除去の場合，洗浄過程で付着微生物を殺滅できればさらに有効である。この点において，次亜塩素酸を用いた洗浄・殺菌操作はは極めて大きな効果を発揮する。そして，現場レベルのバイオフィルム対策としては，洗浄・殺菌操作後の水を放置・滞留させないこと（ドライ化）が必要である。

### 4.2 水を用いた清拭洗浄

いかなる洗浄にも，洗浄力を汚れに伝達する"媒体"が存在する。媒体が気体や固体であるものを乾式洗浄，液体（水，溶剤）であるものを湿式洗浄と呼ぶ。

乾式洗浄は，清掃と類似した清浄度レベルの操作を含み，目視で判断する領域の巨視的な汚れの除去を目的とする場合が多い。

湿式洗浄では，水や溶剤が持つ溶解力が基盤的な洗浄力要素の一つであり，食品産業では例外なく水が媒体として用いられている。水は，その極性構造に基づいて，広範囲の親水性汚れを溶解・分散させる作用を持つ。すなわち，水系湿式洗浄の清浄度は，乾式洗浄よりもはるかに勝っており，微生物制御を目的とした洗浄に適する。

清拭洗浄は，多量の水を使用できない設備や機器を対象に行われる。媒体として，木綿および合成繊維で作られた織編布（クロス）や不織布が用いられている。この場合，乾拭きでは乾燥したタンパク質汚れや微生物菌体などはほとんど拭き取ることはできない。この場合，水を媒体として不織布に吸水させて拭き取ると，有効な拭き取り操作ができる。

図2に，樹脂表面上の乾燥した微生物菌体の付着層を清拭クロスを用いて乾拭きおよび水拭きしたとき（一方向に一回）の電子顕微鏡写真を示す[2]。白く見えているのが微生物菌体，黒く見えているところが下地の樹脂である。乾拭きの場合，拭き取り前と比較すると顕著な違いが見られておらず，付着菌体の除去はほとんど見られていない。一方，水拭きの場合は付着菌のほとんどが除去されており，除去率は99.8%であった。これは，水の溶解力が加わることにより，クロスによる清拭効率が向上するためである。

ここで，エタノールを織編布（クロス）や不織布に吸水させて消毒を兼ねた清拭洗浄を行う操作も見受けられるが，タンパク質や微生物菌体のエタノール（99.5%）への溶

第2章 バイオフィルム形成が及ぼす問題点と制御・防止対策

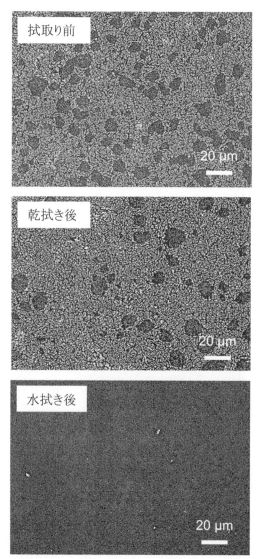

図2 樹脂表面上の微生物付着層（乾燥状態）を清拭クロスを用いて乾拭きおよび水拭きしたときの菌体数の減少[2]

解度は水に比べるとはるかに小さいため，微生物菌体の除去率は大きく低下することに留意すべきである。

　バイオフィルムが乾固している場合，ケイ酸鉱物などの研磨剤を含む液体クレンザーを利用するとよい。液体クレンザーには，研磨剤の他に，界面活性剤や吸着コロイド粒子などが含まれており，硬質表面上のバイオフィルムを物理的に削り取る効果がある。液状なので，研磨剤や除去微生物が周囲に飛散することもない。

123

## 4.3 アルカリ剤の洗浄効果

アルカリ剤とは，水溶液中で溶解して水酸化物イオン（OH⁻）を放出する薬剤の総称である。一般に，アルカリ類は毒性が少なく，中和によって無害化できることが利点である。OH⁻は，タンパク質，多糖類，微生物，油脂などの有機性汚れに対して優れた溶解力と加水分解反応，鹸化反応などを示し，複合汚れに対しても一括洗浄が可能であることから，食品産業における洗浄では極めて有効な化学的洗浄力である。

図3に，水洗浄後にステンレス鋼表面に残存した物性の異なる種々のタンパク質および細菌類を対象に，酸洗浄およびアルカリ洗浄を一定時間行ったときの，洗浄液のpHと除去率の関係を示す[3]。タンパク質の除去率は，アルカリ性のpH領域，特にpH 11.0〜pH 13.5の範囲においてpHの増加（OH⁻濃度の増加）とともに著しく向上する

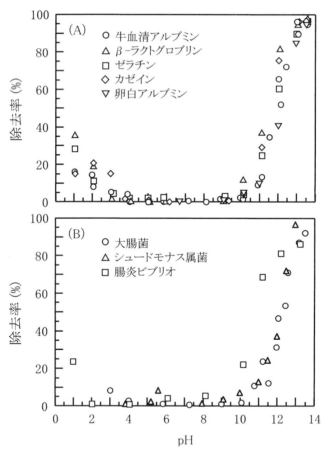

図3 水洗浄後にステンレス鋼に残存したタンパク質および
細菌類の除去に及ぼす洗浄液のpHの影響
（文献3）にデータを追加）

第 2 章　バイオフィルム形成が及ぼす問題点と制御・防止対策

（図 3 （A））。また，弱酸性〜弱アルカリ性の範囲では，水洗浄と同様にタンパク質のさらなる離脱はほとんど起こらない。一方，強酸性溶液では pH の減少とともに除去率はわずかに増加する傾向を示すが，$OH^-$ の効果と比較すると洗浄効率は低い。このように，生物組織を構成する多くのタンパク質は，$OH^-$ に対して良好な離脱性を示す。

　また，洗浄液の pH と除去率の関係において，付着細菌類の離脱挙動もタンパク質汚れと同様な pH 依存性を示す（図 3 （B））。このように，タンパク質や微生物を含む有機物汚れの除去には高アルカリ性の洗浄液が有効である。

　$OH^-$ は，汚れや親水性の被洗浄体表面に吸着して互いの表面に大きな負電荷を帯びさせ，静電的斥力を発生させることにより吸着力を消失させる。被洗浄体–水界面では，$OH^-$ による汚れとの吸着置換反応が洗浄の進行に重要な役割を果たしていると考えられている。

　熱は，汚れに対する水の膨潤・溶解力や洗浄液の粘性の低下，洗浄剤成分の拡散速度を増加させるとともに，洗剤成分と汚れの化学反応速度を促進させる効果がある。タンパク質や牛乳汚れが吸着したステンレス鋼を対象とした実験室規模の強アルカリ洗浄では，洗浄温度が 10℃ 上昇するごとに洗浄速度は約 1.5 倍増加する結果が報告されている[4〜6]。

## 4.4　次亜塩素酸の洗浄効果

　次亜塩素酸（HOCl）は弱酸（$pK_a \fallingdotseq 7.5$）であり，水溶液の pH に依存して $OCl^-$ と $H^+$ に解離する（$HOCl \rightleftharpoons OCl^- + H^+$）。

　これまでの次亜塩素酸に関する研究により，希薄水溶液中における殺菌作用は非解離型 HOCl の濃度に依存することが知られている。これは，微生物細胞の形質膜（リン脂質二重層）に対する HOCl の膜透過性と密接に関係している[7]。一方，硬質表面上の有機物汚れに対する次亜塩素酸水溶液（pH<10）の洗浄作用は，解離型の次亜塩素酸イオン（$OCl^-$）の濃度に強く依存する[7]。さらに，プラスチックなどの樹脂に収着した香気成分や色素の洗浄（分解）除去は，非解離型 HOCl の濃度に依存する[8,9]。

### 4.4.1　硬質表面汚れに対する $OCl^-$ の洗浄力

　図 4 に，水洗浄後に細菌菌体が残存したセラミックス表面を，種々の pH（4〜11）および有効塩素濃度（120〜1,000 ppm）に調整した次亜塩素酸ナトリウム水溶液で洗浄したときの除去率を示す[10]。水酸化ナトリウム水溶液単一の洗浄と比較すると，次亜塩素酸ナトリウムの存在により，弱アルカリ性領域において除去率は大きく増加する（図 4 （A））。次亜塩素酸ナトリウムの洗浄効果は，有効塩素濃度が高いほど，また pH

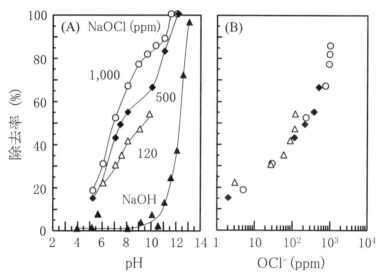

図4　水洗浄後にステンレス鋼に残存した細菌菌体の除去に及ぼす
次亜塩素酸ナトリウム水溶液のpHと有効塩素濃度の影響[3]

が高くなるほど顕著に現れる。一方で，有効塩素濃度が1,000 ppmと高濃度で存在していても，弱酸性のpH溶液であれば次亜塩素酸ナトリウム水溶液の洗浄効果は期待できないことが理解できる。

図4(B)は，$OH^-$の作用のみでは細菌菌体の除去が起こらないpH 5～10の領域において，各水溶液中での解離型$OCl^-$濃度を算出し，細菌菌体の除去率を$OCl^-$濃度の関数として整理し直した図である。異なるpHおよび有効塩素濃度で得られた細菌菌体の除去率は，解離型$OCl^-$濃度に強く依存することがわかる。

$OCl^-$の洗浄力にも温度依存性があり，20～60℃の範囲において洗浄温度が10℃上昇するごとに洗浄速度は約1.5倍増加する[11]。

### 4.4.2　樹脂収着汚れに対するHOClの洗浄力

非解離次亜塩素酸（HOCl）は，各種の疎水性の樹脂やゴム類に対して浸透性を示し，内部に拡散する過程で収着物質を酸化分解する。

図5に，pH 5.0～10に調整した次亜塩素酸ナトリウム水溶液に7日間浸漬（40℃）したポリエチレンテレフタレート（PET）試験片の断面におけるClの分布を示す。図中の波線は，試験片の最表面の位置を示しており，右側に向かうほど試験片の深さ方向（内部）になる。図中の明るさは，Clの分布濃度を反映している。pHがアルカリ性から弱酸性に低下するとともに，PETの表面から内部方向へのClの分布が拡がる傾向が明確に観察されている。これらの結果は，水溶液中でのHOClの解離状態に依存してお

第2章　バイオフィルム形成が及ぼす問題点と制御・防止対策

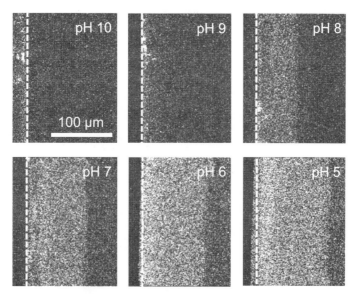

図5　pHの異なるNaOCl水溶液に浸漬後のPET試験片の断面におけるClの拡散分布（1,000 ppm、7日間）
（文献8）にデータを追加）

り，HOClがPET内部に浸透することを明確に示している。

　ポリエチレン（PE）製のまな板の表面に観察される黒ずみは，多くの場合食品由来の収着成分やカビが内部に菌糸を伸張した状態に由来する（図6（A））。こうした黒ずみ汚れは，中性洗剤を用いた擦り洗いやアルカリ性の次亜塩素酸ナトリウム水溶液（OCl⁻が主体）への漬け置き洗いでは，もはや除去することができない。この場合，HOClの樹脂浸透性が利用できる。黒ずみ汚れのあるPE製まな板をpH 5.0のNaOCl水溶液（1,000 ppm）に2時間浸漬したところ（25℃），黒ずみは視覚的には良好に除去され，PE表面が漂白される（図6（B））。漂白効果の活性因子は，PE内部に浸透したHOClである。さらに，このPEまな板の表面に栄養培地を加えても，その後のカビの増殖も認められないことから，浸透したHOClによる殺菌効果も同時に得ることができる。

## 4.5　界面活性剤の併用効果

　洗浄操作における水酸化ナトリウム水溶液および次亜塩素酸ナトリウム水溶液の短所は，溶液の表面張力が大きい（72〜74 mN/m）ために汚れや被洗浄体を濡らし，汚れ層内部あるいは被洗浄体の細部に浸透する力に劣る点である。これは，媒体である水の

バイオフィルム制御に向けた構造と形成過程

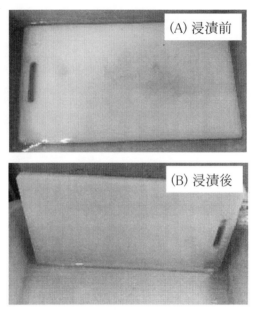

図6 PE製まな板をpH 5.0の次亜塩素酸ナトリウム水溶液に浸漬したときの黒ずみの除去（1,000 ppm, 2時間）

短所に他ならない。プラスチックのように極性の小さい疎水性ポリマー表面では，$OH^-$や$OCl^-$による洗浄効果は親水性表面ほど高くない。この場合，界面活性剤を添加して洗浄液の表面張力を減少させ（> 40 mN/m），固液界面への$OH^-$や$OCl^-$の浸透を促進させることで，洗浄性は大きく改善される。

図7に，水洗浄後に細菌菌体が残存したPETを対象に，非イオン界面活性剤（0.02%）を配合した水，水酸化ナトリウム水溶液（pH 12），次亜塩素酸ナトリウム水溶液（pH 12, 100 ppm）を用いて高速撹拌洗浄したときの菌体の離脱曲線を示す[12]。水および非イオン活性剤水溶液を用いた洗浄では，菌体の離脱はきわめて緩慢な速度で起こっており，60秒後の除去率は互いに小さい（約37%）。この洗浄系では，非イオン活性剤自身の洗浄効果は寄与していないことがわかる。水酸化ナトリウム水溶液では，比較的速やかに菌体の離脱が進行し，除去率は97%に増加する。非イオン活性剤を配合した水酸化ナトリウム水溶液では，無配合時の洗浄と比較して，菌体の離脱速度は約2倍に増加し，さらに界面活性剤と次亜塩素酸ナトリウムの同時添加では，洗浄速度は約3倍に増加し，除去率は約99.9%まで向上する。

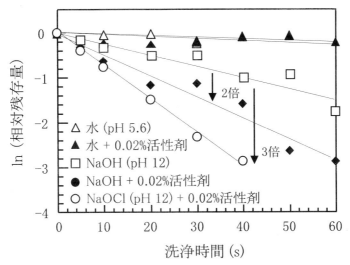

図7 水洗浄後にPETに残存した細菌菌体のアルカリ洗浄除去に及ぼす界面活性剤の併用効果[12]

### 4.6 塩素系アルカリフォーム洗浄の効果

泡沫（フォーム）洗浄は，起泡力に優れた界面活性剤を洗浄液に配合して泡沫を形成し，被洗浄体に吹き付けて洗浄する方法である。しかし，単に泡立てた洗浄液を吹き付ければ良いというわけではない。洗浄は，液体と固体の界面で発生するので，安定に過ぎる泡沫では良好な洗浄は行えない。洗浄に良質の泡沫は，ゆっくりと破泡しながら小さな間隙にまで流れ込み，汚れを吸い上げて包み込みながら固液界面で洗浄作用を発揮する。

図8（A）に，塩素系アルカリ洗浄液（pH 10，200 ppm）を用いてステンレス鋼製メッシュコンベアベルトを泡沫洗浄している様子を示す。フォームは，塗布10分間後にほぼ破泡し，まばらに観察される程度である。図8（B）は，泡沫洗浄前後での付着菌の状態を観察した写真である。付着菌数は，洗浄前の$10^7$個から$10^2$個のオーダーまで減少しており，さらに残存した菌体も完全に不活化されていることも確認されている。このように，比較的高濃度の次亜塩素酸ナトリウムのフォームを使用すれば，高圧洗浄のような機械的な作用力を用いなくても，殺菌兼用の洗浄を行うことができる[13]。

### 4.7 気体状HOClによる付着微生物の殺菌

閉鎖系室内における空中浮遊菌の供給源は，主として天井や壁の表面で増殖した付着微生物である。とはいえ，各種の製造現場において天井や壁を製造日ごとに湿式洗浄す

バイオフィルム制御に向けた構造と形成過程

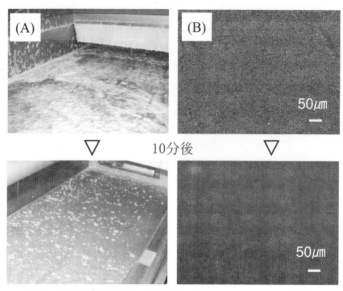

図8 適度な保水性と破泡性をもつフォームによる洗浄

ることは現実的には難しい。そのため，有人空間において安全かつ日常的に室内空間の付着微生物を積極的に不活化する技術が求められている。

次亜塩素酸ナトリウム水溶液を含浸させた繊維フィルタ内に室内空気を強制通気させると，空気中に含まれる物質を気液接触により酸化処理することが可能となるが，同時にHOClも揮発して処理空気と一緒に室内空気中に放散される（図9の挿入図）。そして揮発した気体状HOClは酸化力を保持したまま表面付着細菌の殺菌に寄与する。すなわち，通風気化方式では装置内部（パッシブ式）および外部（アクティブ式）で，浮遊菌および付着菌に対する殺菌効果が得られることになる。

図9に，密閉した室内（23 m$^3$）においてpH 5に調整した次亜塩素酸ナトリウム水溶液（10 ppm）を供給した通風気化装置を5時間稼働（風量6 m$^3$/min）させたときの，装置から3 m離れた木綿ガーゼに付着した黄色ブドウ球菌の生残率（対数値）の変化を示す[14]。比較対照実験として，食塩水を供給して通風気化装置を稼働させた場合，5時間の試験において黄色ブドウ球菌の死滅（自然減衰）はほとんど見られていない。一方，次亜塩素酸ナトリウム水溶液を供給して稼働させた場合，稼働後2時間までは生残率の減少は緩慢であるが，その後の生残率は時間とともに減少し，5時間の暴露で3 logの減少に達している。

また，この系では浮遊菌の死滅に関するデータは取得していないが，他の実験系（密閉系・無人空間）において浮遊菌（落下菌数として評価）の生残率は8時間稼働後には

## 第2章　バイオフィルム形成が及ぼす問題点と制御・防止対策

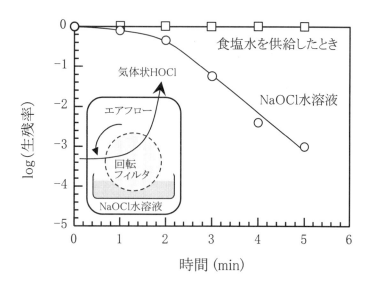

図9　次亜塩素酸ナトリウム水溶液を供給した通風気化装置から揮発した気体状HOClのガーゼに付着した黄色ブドウ球菌に対する殺菌効果[14]
（室内空間：23 m$^3$；次亜塩素酸水溶液：pH 5.0, 10 ppm；風量：6 m$^3$/min）

約70%減少することを確認している。

## 文　　　献

1) 辻薦, 食品工場における洗浄と殺菌, p. 49, 建帛社（1984）
2) 松本侑子ほか, 日本防菌防黴学会誌, **43**, 3（2015）
3) 福﨑智司, 調理食品と技術, **16**, 1（2010）
4) W. G. Jennings, *J. Dairy Sci.*, **42**, 1763（1959）
5) W. G. Jennings, *J. Am. Oil Chem. Soc.*, **40**, 17（1963）
6) K. Takahashi and S. Fukuzaki, *Biocontrol Sci.*, **8**, 111（2003）
7) S. Fukuzaki, *Biocontrol Sci.*, **11**, 147（2006）
8) 竹原淳彦ほか, 日本防菌防黴学会誌, **42**, 3（2014）
9) 竹原淳彦ほか, 食生活研究, **36**, 338（2016）
10) 福﨑智司ほか, 表面技術, **58**, 465（2007）

11) 福﨑智司ほか，日本防菌防黴学会誌，**37**，253（2009）

12) 高橋和宏ほか，日本防菌防黴学会誌，**40**，405（2012）

13) K. Takahashi *et al.*, *J. Environ. Control Technique*, **31**, 21（2013）

14) 吉田真司ほか，日本防菌防黴学会誌，**44**，113（2016）

## 5 生活環境におけるバイオフィルムの制御

矢野剛久[*]

### 5.1 生活環境におけるバイオフィルム

　一般的にバイオフィルムは「何らかの生物・非生物表面に付着した微生物のうち多糖やDNA，タンパク質等からなる細胞外物質で覆われた構造体」と定義されている[1]。即ち，微生物集団が付着していること，そして特殊な細胞外物質で覆われていることの二つがバイオフィルムの最大の特徴である。しかし，こうした性質は実際の生活環境で生じる現象に落とし込んで考えると極めて曖昧な性質である。このことから，生活環境では多様な構造体がバイオフィルムと呼ばれているのが実態である。

　まず，付着について述べると，主に1990年代後半に多くの報告がなされた現象は，主にグラム陰性菌が培地中で鞭毛を用いて可逆的付着，繊毛を用いて非可逆的付着する現象[2,3]である。また，鞭毛や繊毛を有さないグラム陽性菌については細胞外多糖が役割を担って付着する現象について，報告がなされている[4,5]。一方，生活環境ではどうだろう。例えば，生活環境のうちキッチンや浴室，洗面台等といった住環境の排水溝に見られるヌメリはバイオフィルムと呼ばれることが多い。しかし，こうした場面では先述のように鞭毛や繊毛もしくは細胞外多糖を介して微生物が能動的に付着する現象に加えて，例えば固体表面上にそもそも存在する微小な凹凸，汚れが付着した際に形成される凹凸等に微生物が偶然引っかかることで留まり，その後の乾燥を経て付着，度々流入する有機物や水の影響を受けつつ増殖するような現象が起こっていることも考えられる。さらに，ある微生物が多量の細胞外多糖を分泌することで他の微生物がその多糖に付着してしまうような受動的な付着も考えられる。生活環境ではこうした諸現象が複雑に絡まり合ってバイオフィルムが形成されていることが予想される為，鞭毛や繊毛，細胞外多糖といった固有の生物学的現象に立脚してバイオフィルムを捉えることは難しい。従って，液中に分散することなく固体表面上に存在する微生物全てをバイオフィルム形成菌の候補と考えるべきであり，その制御に関しては，多様な未知の付着機構が存在することを考慮した方が良いと思われる。

　次は細胞外物質について考える。バイオフィルムを構成する細胞外物質の構成成分について，タンパク質，多糖，DNAを例に挙げたが，実はそもそも微生物を構成する構造体の表層自身が同様の成分によって覆われている。例えば，細菌について述べると，グラム陽性菌は一般的にペプチドグリカン層，即ちタンパク質と糖によって，グラム陰

---

[*]　Takehisa Yano　花王㈱　安全性科学研究所　第3研究室　研究員

バイオフィルム制御に向けた構造と形成過程

性菌は主にリポポリサッカライド（Lipopolysaccharide, LPS）層，即ち脂質と糖によって覆われることは周知の通りである。もちろん真菌も多糖やタンパク質等から構成される物質によって覆われていることも一般的に知られている。何らかの表面に付着する際にそうした物質の量や構成が変化することはあるが，その変化は環境中に存在する多様な菌種によって，またその環境の特徴（例えばその菌が資化できる物質とその濃度，付着表面の親疎水性等の性質等）によって様々である[6]。従って，生活環境という極めて多様な微生物が存在し，且つ洗浄剤による洗浄や乾燥，貧栄養といった多様なストレスに曝露される特徴を有する環境においては，細胞外物質の量や質からバイオフィルムを定義することは極めて困難であり，そうした細胞外物質を制御することでバイオフィルムの制御を目指す場合，想定外の化合物の存在を考慮する必要があると思われる。

このような背景から，1990年代以降，最も報告が多い医療分野で課題として扱われてきた*Pseudomonas aeruginosa*が形成するバイオフィルム，即ち*P. aeruginosa*が主要構成菌として形成する医療機器（例えばカテーテル等）や生体（例えば気管支や尿路等）中のバイオフィルムや，歯垢に代表される口腔内細菌が形成するバイオフィルム，分子生物学の発達以前からその制御方法について工学的な研究が行われてきた工場のパイプライン等で形成され，金属腐食を引き起こすバイオフィルム等と似た構造体が生活環境で見られた際，それを生活環境のバイオフィルムと呼んでいるのが実態であると思われる。

そのように考えた際，生活環境のバイオフィルムと捉えて良さそうなもののうち，特に住環境については台所[7]，浴室[8]，トイレ[9]等に代表される水を扱う場面で生じる微生物由来のヌメリや着色汚れであろう。野菜等の食品表面に付着した微生物由来の汚れ[10,11]や衣類に形成される微生物由来の汚れ[12]についてもバイオフィルムと呼ばれることがある。本節では，このような構造物を生活環境のバイオフィルムと定義してその制御に関して述べる。

## 5.2 生活環境におけるバイオフィルムの制御戦略上の特徴

生活環境以外の場面も含めて，実際にバイオフィルムを制御する戦略としてこれまで報告されている例は，殺菌に用いられる戦略を応用したものが多い。例えば，超音波やマイクロバブルを用いた殺菌法が知られる一方でその両者を最適な方法で組み合わせたり[13]，様々なラジカルを用いた殺菌法が知られる一方で制御に最適なラジカル種を比較検討したり[14]することで，バイオフィルムの制御を目指した研究等が散見される。

他にも，バイオフィルムの形成機構や組成等に関して得られた知見に基づく生物学的

第2章 バイオフィルム形成が及ぼす問題点と制御・防止対策

な制御法が提案されている。即ち，バイオフィルムは生物，非生物表面に可逆的，非可逆的に付着し，その構造が三次元的に成長し，脱離することが知られるが，それぞれの過程を制御する様々な試みが考えられている[15]。例えば，微生物の付着や EPS 産生に寄与するシグナル分子である bis-(3'-5')-サイクリックグアノシン一リン酸（c-di-GMP）の機能制御を通したバイオフィルム形成制御の可能性[16]や，EPS 成分の一つである DNA を分解することによるバイオフィルム制御の可能性[17]をはじめ，Quorum sensing といった細胞間コミュニケーションを制御する方法等の様々な方法が提案されている[18,19]。しかし，そうしたバイオフィルムの生物学的な特性を利用した制御方法のうち，実用場面でも効果を確かめている例は非常に限られており，物理的な，もしくは化学的な殺菌法を含む多様な方法を組み合わせて有効な制御方法を探っているのが現状といえる[20]。

このようにバイオフィルムに対する決定的に有効な制御法がなく，複数の制御戦略を組み合わせて最適な戦略を試行錯誤せざるを得ない背景として，微生物種に依存して，また付着対象となる表面，構成する微生物にとっての栄養源等に依存してバイオフィルムが多様であり，動的な構造体という特徴を有することが考えられる。さらに，生活環境のバイオフィルムについては，住環境や生活スタイルそのものが多様であることに加えて，それらの頻繁な変化に常に曝されながら存在している。従って，とりわけ生活環境のバイオフィルムの制御を考える際には，制御の目的，取り得る制御戦略，そして常に対象となるバイオフィルムとその多様性を見極めることが極めて重要である。

ここで述べるバイオフィルムの制御における目的について，生活環境では，例えばバイオフィルムを構成する微生物が人体に感染して疾患を引き起こすリスクを低減することだけではなく，バイオフィルムにより付着表面の材質が腐食する現象を防ぐこと，バイオフィルム自体の色や臭い等の性状に起因する不快感を解消すること等も含まれる。従って，見た目のバイオフィルムそのものを除去できたとしても，すぐに再発生してしまったり，殺菌された菌に含まれる色素が残ってしまったりするとバイオフィルム制御の目的が達成されない可能性がある。

こうした目的に加えて，それを達成する為に取り得るバイオフィルムの制御戦略についても幾つかの特徴がある。例えば，生活環境はブラシのように何等かの器具で擦るといった物理的な負荷を加えることが可能な場合が多い。また，制御に化学物質を用いる場合についても抗生物質等に限定されることがないという特徴がある。例えば，皮膚等への感さ性や排水として流された際の周辺環境の影響等といった安全性上の課題がなく，用いる化学物質によってバイオフィルムが付着している非生物表面が腐食されると

*135*

いった損傷作用が生じないこと等が確認された様々な化学物質については使用できる可能性がある。

　従って，例えば医療分野等でよく見られるバイオフィルム起因の課題に対する制御戦略とは異なり，バイオフィルムそのものの構造を脆弱化することで必要な物理的負荷（擦る作業に伴う作業負荷等）を軽減したり，バイオフィルムを構成する微生物を除去することによりその環境においてバイオフィルムが再度形成されるまでの時間を延ばすことで，結果的に制御に必要な作業頻度を軽減したりといった制御戦略も有効となる。同様に，生活環境のバイオフィルムを構成する菌叢を制御することで，課題となる微生物の割合を減らしたり，微生物に起因する色や臭いを低減したりすることも制御戦略となり得る。

　このように生活環境のバイオフィルムを制御する上では，制御の目的，取り得る戦略に注意する必要がある。一方，バイオフィルムに関する研究としては，感染菌が人体で形成する構造物や工場のパイプライン等で形成される構造物を対象としたものの方が，生活環境で形成されるバイオフィルムを対象としたものよりも，その研究例が圧倒的に多い。従って，制御の対象となるバイオフィルムとその他の環境のバイオフィルムの違いを考慮して戦略を立案することが重要である。

### 5.3　制御技術構築に向けた戦略

　ここでは，具体的にとり得る制御技術構築の流れを述べる。概要を図1に示す。ま

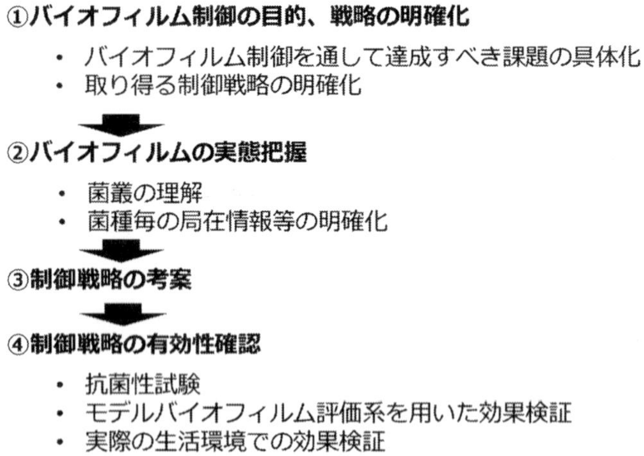

**①バイオフィルム制御の目的、戦略の明確化**
- バイオフィルム制御を通して達成すべき課題の具体化
- 取り得る制御戦略の明確化

**②バイオフィルムの実態把握**
- 菌叢の理解
- 菌種毎の局在情報等の明確化

**③制御戦略の考案**

**④制御戦略の有効性確認**
- 抗菌性試験
- モデルバイオフィルム評価系を用いた効果検証
- 実際の生活環境での効果検証

図1　生活環境のバイオフィルム制御技術構築の流れ

第2章　バイオフィルム形成が及ぼす問題点と制御・防止対策

ず，取り組むべきことは①バイオフィルム制御の目的，戦略の明確化である。対象となるバイオフィルムのヌメリが問題であるのか，構成する微生物に起因する色なのか，臭いなのか，それとも構成する微生物そのものが感染時に産生する毒性が問題であるか等，バイオフィルムに起因する課題の性質を明確にする必要がある。また，そのバイオフィルムを制御するに際しても，そもそもの除去が困難であることが課題であるのか，除去後の再発生速度が課題であるのかを明確にする必要がある。さらに，用いることができる化学物質や物理的刺激についても考察が必要である。例えば，食品を扱う台所とトイレで用いることができる化学物質や物理的刺激は大きく異なることが予想される。実際の研究に取り組む前に，対象となるバイオフィルムの諸性質を明確にすることが，最適な制御戦略を構築する上で必要である。

　次に，対象となる②バイオフィルムの実態を把握するステップである。このステップを通して，そのバイオフィルムの除去が困難である理由であったり，色や臭いの原因となる微生物種であったり，毒性の高い微生物の局在性が明らかになることが期待される。例えば，生活環境中に存在する微生物の種類（菌叢）については，既存の研究が比較的蓄積されている[21]為，その情報を参考にすることも有効である。菌叢を解析する上で具体的にとられる方法としては，特に細菌を対象とした研究においては次世代シーケンサー（Next generation sequencer, NGS）を用いたメタ解析，例えば16S rRNA配列解析が一般的である。即ち，生活環境中のバイオフィルムをスワブ法等の手段により採取し，得られた菌懸濁液からDNAを抽出，PCR法により菌種依存的なDNA配列（例えば16S rRNA配列の一部）を増幅，NGSにより解析して得られる菌種情報に基づいて菌叢を推定する方法である。本方法は，例えば生活環境から直接微生物を分離培養して解析する方法と比べて，微生物の培養方法を詳細に検討することなく情報が得られる点で非常に有用である。一方，DNA抽出用のサンプル採取方法やDNA抽出法，PCRに用いるプライマーの種類，用いた解析プラットフォーム（NGSの機種や解析に用いたキットの種類）に依存して得られる情報が大きく異なることからデータ間の比較については注意を要する[22]。また，そもそも微生物毎に保存されている16S rRNA等の配列の数が異なっていたり，細胞壁構造等に依存して微生物毎にDNA抽出効率が違っていたりすることから，菌叢中の存在比率を議論する際にも注意を要する。

　さらに，生活環境では菌叢の不均一性が著しいことも認識しておくべきである。例えば，浴室の排水溝と床，床のうち排水溝に流れる水が通る領域でも菌叢が異なる可能性がある。浴室に設置された蛇口の周囲と壁，天井でも菌叢が異なる可能性がある。文献に示された菌叢解析結果には，こうした採取箇所の違いについて，詳細に記述していな

いことが多い。課題となっているバイオフィルムと文献上のバイオフィルムがそもそも同じバイオフィルムなのかどうか注意深く捉える必要がある。

また，NGS を用いた菌叢解析の他の欠点として，対象となるバイオフィルム内の微生物の局在が推測できない点がある。例えば，基材（バイオフィルム内の微生物が直接的に付着する非生物学的表面）に直接的に付着する微生物と，その微生物に付着する形で別の微生物が存在する場合が考えられる。口腔において，微生物の多糖とレクチンの相互作用を介して複数種の微生物が多層構造となってバイオフィルムを形成する現象が知られるが[23]，これと同様の現象は生活環境でも起こり得る。制御対象の微生物が上層に存在するのか下層に存在するのかを知ることは制御戦略を考える上で参考になる可能性があるが，NGS 解析からはこうした情報は得られない。同様に，課題となる微生物と頻度高く共局在する微生物の菌種情報や課題となる微生物がバイオフィルム中のごく一部に固まって存在する際の局在情報についても得られない。従って，そうした情報を得る為に，NGS 解析に加えて顕微鏡観察等を用いた解析も重要となる場合が多い。例えば，制御上重要と思われる微生物の局在を，FISH（Fluorescence *in situ* hybridization）で確認すること等が有効である。

このように NGS 解析や顕微鏡観察等を通じて明らかになったバイオフィルムに関する情報が明らかになった段階で，次に必要になるのが③そのバイオフィルムに最適な制御戦略を考えるステップである。具体的には，最適な物理的，化学的刺激の付与方法，構成菌の殺菌方法等の考案がこれに相当する。

さらに続いて必要なステップは，④考案した制御方法の有効性確認である。具体的には実際の生活環境での制御方法の効果検証に加えて，対象となる微生物を使った抗菌性試験や，モデルのバイオフィルムを作成して効果を検証する試験を行うことが一般的である。このうち，モデル試験系を行う際は 96 穴マイクロプレートにバイオフィルムを形成させ，そのバイオフィルムの制御に有効な化学物質をスクリーニングする方法[24]が最も簡易的であるが，その他にフローセル内に微生物を植菌して，ポンプにより液体培地を供給することでバイオフィルムを形成させ[25]，その後に候補の化学物質を添加して効果を検証する方法等が良く取られる。いずれにしても，制御の対象となるバイオフィルムの特徴のうち，制御上重要と思われる特徴をモデル試験系に取り入れることが重要である。例えば，形成されるバイオフィルムの量は用いる培地に含まれる栄養源の種類に依存して大きく異なる。さらに，バイオフィルムを構成する多糖等の細胞外物質の種類もまた栄養源の種類に依存して大きく異なることからも，培地の選択は極めて重要である。また，運動性を有する好気性菌を用いてバイオフィルムを形成する場合，そのモ

第2章　バイオフィルム形成が及ぼす問題点と制御・防止対策

デル系に気液界面が存在すれば，その界面に局在する。逆に運動性を有さない微生物や嫌気性菌を用いてバイオフィルムを形成する場合，マイクロプレートのウェル底面等に沈殿してバイオフィルムを形成する。さらに，対象となるバイオフィルムの存在箇所が激しい水流が発生する場所か水が滞留する場所かといったことも形成するバイオフィルムの性質に大きく影響する可能性が考えられる為，目的や制御戦略によって考慮する必要性が生じる。加えて，バイオフィルム中の一部に特定の種の微生物が局在したり，上層と下層に分かれたり存在する等，複数種の微生物どうしの位置関係がそのバイオフィルムの性質として重要な場合，モデル試験系で評価する目的によっては複数種の微生物を共培養しながらモデルとしてのバイオフィルムを形成する必要がある。共培養を行った際は，さらに形成されたバイオフィルム中で期待される局在が実際に生じているかどうかを顕微鏡観察等の手段を通して確認することも求められる。以上のような理由から，バイオフィルム形成手法について多様な実験系が考案，報告されているものの，そのうちの一つの実験系を安易に模倣するのではなく，制御の目的や戦略に沿ってこれまで述べてきたような特徴から最適な条件を精査して構築することが必要である。

　また，剥離し難い程度や殺菌され難い程度等の観点において，生活環境のバイオフィルムの多くは多様性に富んでいる。そこで，その多様なバイオフィルムのいずれの表現型に対しても有効であるという点でロバストな制御戦略を構築することが必要である。従って，候補となる制御技術が考案できた際には，その効果が実際の生活環境のバイオフィルムに対して発現することを，十分な数のバイオフィルムに作用させることで詳細に確認することが重要と思われる。

## 5.4　浴室ピンク汚れ制御に関する研究例

　ここでは実際の制御技術開発の例として，浴室ピンク汚れに関して筆者らが行った研究について述べる。まず，一般家庭の浴室で生じる微生物由来の微生物汚れとしては，黒カビ汚れ，排水溝に生じるものに代表されるヌメリ，そしてピンク汚れが消費者によく認知されている（2012年度自社調べ，n＝283）。このうち，ピンク汚れは，浴室の床や排水溝，蛇口周り等あらゆるところに形成される。湿っている時間帯が長い箇所に形成されるピンク汚れは比較的除去が容易であるが，乾燥している時間帯が長い場所に形成されると，その除去にはかなりの労力を要する。一方，除去後の再発生の時間は7日以内との消費者の印象が強く，再発生し易い特徴の汚れといえる。従って，日常的に行われる簡単な浴室清掃の過程で簡単に除去でき，その後再発生し難くなるような，浴室ピンク汚れ制御技術が求められていた[8]。

*139*

## バイオフィルム制御に向けた構造と形成過程

　実際のところ，ピンク汚れに関する研究は他にも行われている。具体的には浴室で *Rhodotorula* 属真菌といった酵母や *Methylobacterium* 属細菌といった細菌の分離例があり，どちらの微生物もピンク色とも取れる色のコロニーを形成する。例えば，ピンク色を呈したシャワーカーテン[26]やピンク色を呈した浴室のシャワーヘッド[27]の菌叢解析を行った報告があり，それらの報告で *Methylobacterium* 属細菌の存在が報告されている。こうした報告を踏まえ，我々は日本の浴室に形成されるピンク汚れの解析を開始した。まず，走査型電子顕微鏡（Scanning electron microscope, SEM）を用いた汚れの直接解析により細菌大の菌が大多数を占めていたこと（図2），全てのピンク汚れから *Methylobacterium* 属細菌が多数分離されたことから，*Methylobacterium* 属細菌がピンク汚れの主要構成菌との仮説を得た[8]。次に，この仮説を検証する為，改めて生活環境のピンク汚れを回収し，FISHを用いて *Methylobacterium* 属細菌の局在を調査した。その結果，調査した全てのピンク汚れにおいて *Methylobacterium* 属細菌が優占していることが示唆された。さらに，FISHを行った際の顕微鏡観察の結果，バイオフィルムの中で *Methylobacterium* 属細菌は局在することなく一様に存在し，他の一部の菌と常に共局在するような特徴も確認できなかったことから，浴室ピンク汚れを制御する上で *Methylobacterium* 属細菌を制御することが重要であると考えられた。*Methylobacterium* 属細菌分離株のうち複数の株を用いてピンク汚れ様のモデルを作成したところ，実際の生活環境のピンク汚れとよく似た外観，取れ難さ等の性質が確認されたことからも，同細菌の制御の重要性が考えられた[8]。

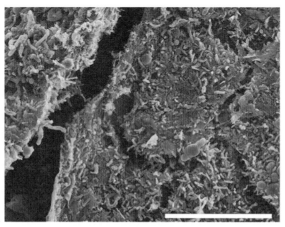

図2　ピンク汚れのSEM像
バーは20 μm[8]

第2章　バイオフィルム形成が及ぼす問題点と制御・防止対策

　得られたモデル試験系を用い，様々な菌数の *Methylobacterium* 属細菌で汚れを形成させたところ，菌数が少なくなるとピンク色を呈色しなくなったことから，この *Methylobacterium* 属細菌について十分な菌数減少を引き起こす制御剤の使用が有効と考えた[8]。

　*Methylobacterium* 属細菌は免疫不全患者の体内から分離された報告があるが[28,29]，特記すべき毒性の二次代謝産物を分泌する報告はない。この為か，*Methylobacterium* 属細菌の制御に関する研究はこれまで殆ど行われた報告がない。従って，まずは *Methylobacterium* 属細菌が浴室洗浄剤でどの程度死滅する可能性があるか，単純な殺菌性試験を通じて明らかにした。その結果，その他の浴室分離菌と比べて非常に界面活性剤耐性が高いことが示唆された[8]。一般的に，微生物はバイオフィルム状態になることで薬剤耐性が向上することが知られるが，本結果より，*Methylobacterium* 属細菌はバイオフィルム状態にならなくても高い耐性を発現することが示唆された。そこで，本研究ではバイオフィルム状態での制御方法を考慮する前に *Methylobacterium* 属細菌そのものに対する有効な制御技術の開発を試みた。

　その検討に際し，浴室洗浄ではあり得ない長時間（24時間）洗浄剤と接触したところ，低濃度の洗浄剤であっても *Methylobacterium* 属細菌に対して高い殺菌性が見られたことに着目し，浸透促進剤を用いて *Methylobacterium* 属細菌に対する殺菌性を加速する戦略を選択した。試験に供した界面活性剤のうち，塩化ベンザルコニウム（Benzalkonium chloride, BAC）は比較的詳しく抗菌機構が調査されており，細胞膜構造の破壊や膜タンパク質の変性に伴う機能阻害が報告されている[30,31]。そこで，微生物の細胞膜が存在する部位までBACを素早く到達させられるような浸透促進剤[32]の併用の有効性を検証した。浸透促進剤としての報告及び汎用性の観点から各種短鎖のアルコール類をBACと併用することで *Methylobacterium* 属細菌に対する殺菌性を比較した。様々な長さのアルキル鎖を有するアルコール類やベンゼン環，エーテル結合を有するアルコール類について検討を行った結果，幾つかのアルコールについて，BACと併用することで著しい生残菌数の減少が見られた（図3）。実験に用いた濃度，微生物との接触時間において，BACは単独では殺菌性を示さないことから，特定の構造のアルコール類の併用によって抗菌性が有意に上昇したと考えられた[33]。

　実際に *Methylobacterium* 属細菌に対して有効と思われる殺菌方法が見えてきたことから，続いて効果が発現したアルコールを添加した洗浄液Aと，そのアルコールを含まない洗浄液Bを調製して実際の浴室ピンク汚れに適用することで，浴室ピンク汚れに対しても同様の効果が得られるか試験した。即ち，浴室ピンク汚れを両洗浄液で洗浄

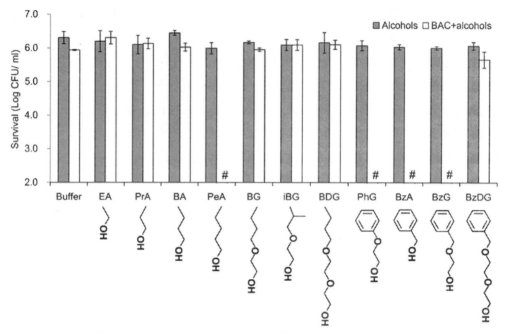

図3 様々なアルコールを BAC と併用した際の殺菌性の変化

浴室より分離した *M. mesophilicum* KMC10をアルコール（灰色のバー）もしくは塩化ベンザルコニウム（Benzalkonium chloride, BAC）とアルコールを混合した溶液（白色のバー）に懸濁し，5分後の生残菌数を比較した。各構造式は用いたアルコールを示しており，ethanol (EA), propanol (PrA), butanol (BA), pentanol (PeA), butyl glycol (BG), isobutyl glycol (iBG), butyl diglycol (BDG), phenoxy glycol (PhG), benzyl alcohol (BzA), benzyl glycol (BzG), benzyl diglycol (BzDG) をそれぞれ示す。アルコールは全て1.0%（vol/vol），BAC は0.1%（vol/vol），で試験を行った。エラーバーは標準偏差を，＃は生残菌数が検出限界以下であったことをそれぞれ示す[33]。

して汚れを十分に除去し，1ヵ月後の浴室の様子を観察したところ，洗浄液Aで洗浄した際のみ，ピンク汚れの再発生が確認されなかった。このことから，生活環境のバイオフィルムの一つである，浴室ピンク汚れに対して効果的な制御技術を構築することができたと考えている[34]。

## 5.5 おわりに

これまで，生活環境のバイオフィルムの定義に始まり，そのバイオフィルムに対する制御戦略を練る上で注意すべき事項，制御技術構築の流れを示し，最後に浴室ピンク汚れを例に実際の研究例を示した。1990年代後半よりバイオフィルムが再定義され，マ

第 2 章　バイオフィルム形成が及ぼす問題点と制御・防止対策

イクロプレートを用いた簡易的な実験系やフローセルを用いた実験系が提案されたこと
に伴い，バイオフィルム研究は急速に進展した。従って，これらの実験系をそのまま適
用してバイオフィルム制御効果のある化学物質の探索が盛んに行われてきた。

　しかし，特に生活環境のバイオフィルムに関しては，未だ他の環境のバイオフィルム
との違い等の特徴は深く議論されていないのが現状である。従って，生活環境のバイオ
フィルムを制御する技術を構築するに際しては，既存の解析技術の適用可能性を注意深
く検証すると共に，取り得る制御戦略を俯瞰した上で技術構築に取り組み，且つ得られ
た技術が真に現場のバイオフィルムに対して有効な技術となっているかという点に細心
の注意を払う必要性を強調して筆をおきたい。


## 文　　献

1)　J. W. Costerton *et al.*, *Annu. Rev. Microbiol.*, **41**, 435 (1987)

2)　G. A. O'toole *et al.*, *Mol. Microbiol.*, **30**, 295 (1998)

3)　S. M. Hinsa *et al.*, *Mol. Microbiol.*, **49**, 905 (2003)

4)　M. Otto, *Curr. Top. Microbiol. Immunol.*, **322**, 207 (2008)

5)　R. M. Donlan *et al.*, *Clin. Microbiol. Rev.*, **15**, 167 (2002)

6)　H. C. Flemming *et al.*, *Nat. Rev. Microbiol.*, **8**, 623 (2010)

7)　K. Furuhata *et al.*, *Biocont. Sci.*, **15**, 21 (2010)

8)　T. Yano *et al.*, *Microbes. Environ.*, **28**, 87 (2013)

9)　M. Mori *et al.*, *Biocont. Sci.*, **18**, 129 (2013)

10)　N. Han *et al.*, *Food. Control.*, **70**, 161 (2016)

11)　A. Bridier *et al.*, *Food Microbiol.*, **45**, 167 (2015)

12)　P. Stiefel *et al.*, *Sci. Rep.*, **6**, 1 (2016)

13)　Y. Dong *et al.*, *Int. J. Med. Microbiol.*, In Press (2017)

14)　M. Tachikawa *et al.*, *Water Res.*, **64**, 94 (2014)

15)　V. K. Plakunov *et al*, *Microbiol.*, **86**, 423 (2017)

16)　L. Caly *et al.*, *Cur. Pharm. Design.*, **21**, 12 (2015)

17)　M. Okshevsky *et al.*, *Cur. Opn. Biotechnol.*, **33**, 73 (2015)

18)　M. Simões *et al.*, *LWT-Food Sci. Technol.*, **43**, 573 (2010)

19)　K. I. Wolska *et al.*, *J. Appl. Gen.*, **57**, 225 (2016)

20)　L. Malaeb *et al.*, *Water. Res.*, **47**, 5447 (2013)

21) R. I. Adams *et al.*, *Microbiome*, **3**, 49 (2015)

22) A. W. Walker *et al.*, *Microbiome*, **3**, 26 (2015)

23) P. D. Marsh, *Clin. Periodontol.*, **32**, 7 (2005)

24) B. Pitts *et al.*, *J. Microbiol. Methods.*, **54**, 269 (2003)

25) S. Møller *et al.*, *Appl. Environ. Microbiol.*, **64**, 721 (1998)

26) S. T. Kelly *et al.*, *Appl. Environ. Microbiol.*, **70**, 4187 (2004)

27) L. M. Feazel *et al.*, *Proc. Nat. Acad. Sci. USA.*, **106**, 16393 (2009)

28) C. C. Lai *et al.*, *J. Clin Microbiol.*, **49**, 3329 (2011)

29) C. H. Lee *et al.*, *J. Med. Microbiol.*, **53**, 755 (2004)

30) P. Gilbert *et al.*, *J. Appl. Microbiol.*, **99**, 703 (2005)

31) A. D. Russell, *J. Antimicrob. Chemother.*, **49**, 597 (2002)

32) C. Williams *et al.*, *Adv. Drug. Deliv. Rev.*, **56**, 603 (2004)

33) T. Yano *et al.*, *Appl. Environ. Microbiol.*, **82**, 402 (2016)

34) 矢野剛久ほか，環境バイオテクノロジー学会誌，**14**，125（2015）

## 6 プラズマによるバイオフィルム洗浄・殺菌

川野浩明[*1]，末永祐磨[*2]，馬場美岬[*3]，
細田順平[*4]，沖野晃俊[*5]

### 6.1 プラズマと殺菌

プラズマはオーロラや雷などの自然現象として存在する他に，溶接や蛍光灯，ネオンサイン，ディスプレイ，空気清浄機などの工業応用もされており，我々の身の回りに多くのプラズマが存在し，広く利用されている。プラズマとは，固体，液体，気体に続く物質の第4の状態であり，一般的には気体を構成する分子または原子が電離した状態のことを指す[1,2]。たとえば，水は0℃以下では氷であるが，温度が高くなるとともに水，水蒸気となる。これらはそれぞれ固体，液体，気体の状態であり，いずれも水分子（$H_2O$）の状態として存在する。その水分子の温度がさらに高温になると，高いエネルギーを持った水分子が解離しはじめ，$H^+$などのイオンや，電子となる。この，気体の中にイオンや電子が含まれた状態をプラズマと呼ぶ。前述のプラズマの工業応用例は，プラズマが持つ高温や発光性，反応性を利用した技術である。

プラズマ状態を実現するためには，原理的には，電界，光，熱，衝撃波などによって，高いエネルギーを微小な空間に集中させればよいが，工業的には気体中に強い電界（電圧）を印加し，絶縁破壊を生じさせて放電を起こしてプラズマを発生させる場合が多い。しかし，大気圧下でプラズマを生成すると数千℃という高温になっていたため，以前の応用先はプラズマの持つ熱を利用した産業廃棄物の分解処理や高融点材料の加工，光を利用した微量元素分析などに限られていた[3~5]。

しかし，ここ十数年のプラズマ生成技術の進歩に伴い，大気圧下で，室温～100℃程

---

[*1] Hiroaki Kawano　東京工業大学　科学技術創成研究院　未来産業技術研究所　大学院生

[*2] Yuma Suenaga　東京工業大学　科学技術創成研究院　未来産業技術研究所　大学院生

[*3] Misaki Baba　東京工業大学　科学技術創成研究院　未来産業技術研究所　学部生

[*4] Jumpei Hosoda　東京工業大学　科学技術創成研究院　未来産業技術研究所　大学院生

[*5] Akitoshi Okino　東京工業大学　科学技術創成研究院　未来産業技術研究所　准教授

度の，従来のプラズマと比べて低温で安定したプラズマの生成が可能になった。このため，プラズマの反応性を活かした様々な応用研究が進められるようになってきた。たとえば，高分子材料などの熱に弱い物体の表面に低温のプラズマを照射すると，表面を親水化することができる。従来の親水化処理法では，薬剤で親水化処理をしたあとに乾燥させるという二つの工程が必要であったが，大気圧低温プラズマでは液体を使わずに親水化処理ができるため，工程を一つに減らすことができる。プラズマによる親水化効果はプラズマ中に存在する活性酸素種などによって，表面に付着した目に見えない有機物などの汚れを化学的に分解・気化し，表面を原子レベルでクリーニングできることや，クリーニングされた表面にカルボキシル基などの親水基を付与することなどの効果による[6]。近年では，大気圧低温プラズマが細菌やウイルスに対して不活化効果を示すことが明らかとなってきたため，医療や農業，衛生分野における応用も有望視されている。プラズマが示す殺菌効果には，親水化処理の場合と同様に，プラズマ中で生成されるヒドロキシルラジカルや一重項酸素などの活性種が寄与している[7]。これらの活性種が細菌に作用する機構は通常の抗生物質とは異なるため，薬剤耐性の高い菌種に対しても殺菌効果を示す特徴を持っている[8,9]。さらに，殺菌に有効な活性種の寿命はナノ秒から数分と短いため，残留毒性の少ない安全な殺菌が可能である。

## 6.2 大気圧プラズマの生成・利用方法

プラズマには殺菌や有機物分解などの効果があるため，国内外の大学や研究所などでプラズマによる水質改善の研究が行われている[10]。さらに，水にプラズマを照射することで水中に活性種を導入し，その水を殺菌やがん細胞の不活化，植物の成長促進などに利用できるという研究結果も報告されている[11~13]。これらの効果には液中の活性種の種類や量が大きく影響を与えるため，関与している活性種を効率よく液中に導入するためのプラズマの生成方法や導入方法も多く検討されている。本稿では，大気圧プラズマの生成方法とそれらを殺菌などに利用する方法をいくつか紹介する。

### 6.2.1 コロナ・アーク放電

対向する針電極と平板電極の間に数 kV の直流高電圧を印加すると，電極間でコロナまたはアーク放電が起こり，プラズマが生成される[14]。針電極の電界は先端部に集中するため，放電は図１のように針電極の先端部から平板電極に向かって放射状に発生する。水処理の場合，水は純度が高くなければ導電性を持つため，電極として扱える。コロナ放電時には $10~10^2$ A の電流が発生する。加える電圧をさらに高くする事で，$10^3~10^4$ A の電流を伴うアーク放電に移行する[15]。アーク放電では，大きな電流を伴う

第2章 バイオフィルム形成が及ぼす問題点と制御・防止対策

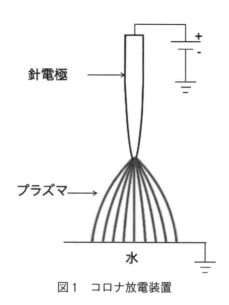

図1 コロナ放電装置

ため高密度のプラズマを生成でき、より多くの活性種の生成が可能である。一方、プラズマ自体の温度が高温となり、水中に大電流が流れることにより、多くのジュール熱も発生する。このため、アーク放電によって生成されたプラズマでは高速な水処理が可能であるが、急激な水温の上昇を伴う。

### 6.2.2 誘電体バリヤ放電

誘電体バリヤ放電（Dielectric Barrier Discharge：DBD）の基本構造は図2 (a) に示すような平行平板型であり、2枚の誘電体で覆われた電極板の間に空間を作り、電極板間に交流の高電圧を印加することで、誘電体の間に均一なプラズマが生成される[16]。電極の間に誘電体が存在することで、電極間での放電がアーク放電に移行できなくなるため、ナノ秒オーダーの極めて短い時間の放電が間欠的に発生する。放電時間が短くなることで電子は加速されるが、重いイオンや気体分子は十分に加速されないため、ガス温度はあまり上昇しない。しかし、電子が加速されることで、気体中の原子や分子が電離し、反応性の高いイオンや活性種が生成される。このため、DBDでは、低温で高い反

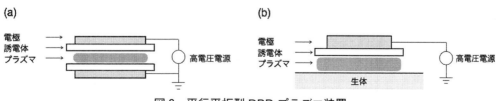

図2 平行平板型DBDプラズマ装置

応性を持つプラズマを容易に生成できる。DBD プラズマ装置は，熱で分解してしまうオゾンの発生器や，熱に弱い材料の表面処理，殺菌処理などに広く応用されている[17~19]。また，図2(b)のように1枚の誘電体に覆われた電極と処理対象の間でプラズマを生成する構造のDBDプラズマ装置も開発されている。この構造は，浮遊電極型誘電体バリヤ放電（Floating electrode-DBD：FE-DBD）と呼ばれ，生体の皮膚のプラズマ処理などに用いられている[20]。

さらに，電極を同軸円筒に配置することでもDBDプラズマを生成できる。図3にガラス管の上または内部に電極を配置するジェット型のDBDプラズマ装置を示す。この構造を持つプラズマ装置はジェット状にプラズマを照射できることからプラズマジェットと呼ばれ，そのジェット状のプラズマを高速度カメラで観測すると，弾丸状のプラズマが連続的に射出されていることからプラズマバレットとも呼ばれる[21]。プラズマジェットはその取扱いの簡便性から最も一般的な大気圧低温プラズマ装置となっている。図3(a)は一対の電極を同軸円筒上に配置し，内部にヘリウムやアルゴンなど，プラズマを生成しやすいガスを流してプラズマを生成する[22]。たとえば，ガラス管に金属テープなどを巻くことで容易にプラズマ生成部を作製できる。図3(b)は円筒の内側の高電圧電極とガラス管の外側の接地電極から構成されるプラズマジェットで，外側の電極だけ誘電体と接している。内側の電極は被覆のない金属になっているため，図3(a)の構造よりも低い電圧でプラズマを生成できる。図3(a), (b)の構造は，ガスの流れ方によって，プラズマと水の接触の仕方が変わるため，液中への活性種の量も変化する。図3(c)の構造はガラス管外側の高電圧電極とガラス管のみから構成される。こ

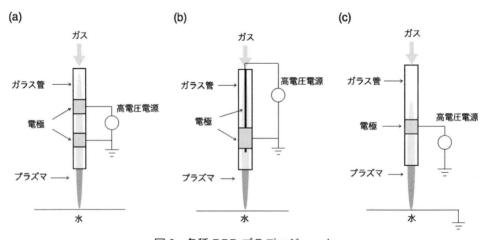

図3　各種DBDプラズマジェット

の場合は，照射対象を接地する必要がある。この構造では，照射対象と高電圧電極間でDBDプラズマを生成することで，プラズマと水が必ず接触するため，図3 (a) や (b) の構造よりも安定して液中に活性種を導入できる[23]。

### 6.2.3 グライディングアーク放電

大気圧下で一対の電極間に定電圧を印加して放電を起こす場合，距離が近いほど放電は起きやすくなり，距離が遠くなると放電が起きなくなる。しかし，一度電極間の距離を近くして放電を発生させ，放電を維持したまま徐々に電極間の距離を伸ばすことで，同じ電圧でも遠い距離で放電を維持でき，強い放電を起こすことができる。この特性を利用した放電手法がグライディングアーク放電である[24]。グライディングアーク放電は図4のように一対の電極間の距離が徐々に遠ざかるように電極を配置する。電極間距離が一番近い上部で放電を開始させ，ガス流で放電を下部に押し出される。そして，電極の下部まで来た放電は，ガス流に伴ってプラズマ装置の外部に露出される。この放電部を照射対象に当てることによって，プラズマ処理を行う。外部に晒された状態でも大きな電流を伴う放電を維持しているため，触れると感電する。この放電方式を使える場面は，通電しても問題がない照射対象もしくは，照射対象が絶縁体で通電しない場合となる。

### 6.2.4 リモート型プラズマ処理

プラズマの放電に被処理物を触れさせる処理方式をダイレクト型プラズマ処理方式と

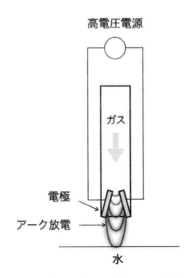

図4 グライディングアーク装置

いう。この方式は，高速なプラズマ処理や大面積の物質の処理に適している反面，照射対象に放電や熱によるダメージを与える場合がある。これに対して，図5に示すように，電極間で生成したプラズマやプラズマ中の活性種を，ガス流で押し出して対象に照射する方式が，リモート型プラズマ処理と呼ばれる。ガス流で押し出されるプラズマは特に，アフタグローと呼ばれる。照射対象に放電が触れないため，放電損傷を与えない。一方，プラズマ源が照射対象から離れると，放電によって生成された寿命の短い活性種が照射対象に到達する前に失活する。このため，活性種を生成してから処理対象に到達するまでの時間を短くする超音速ジェット式のプラズマ装置の開発も行われている[25]。

筆者らのグループでは，主にリモート型プラズマ装置の一つであるダメージフリーマルチガスプラズマジェット（PCT-DFMJ，プラズマコンセプト東京社製（図6））を用いた液中殺菌の研究を行っている。ダメージフリーマルチガスプラズマジェットは，接地された筐体の直径1 mm程度の穴からアフタグロープラズマが吹き出すため，金属や生体を近づけても放電損傷を与えることがない。プラズマヘッド部の内部に配置された一対の電極間に数10 kHz～40 MHzの高周波または数kVのパルス電圧を印加することで，安定した大気圧プラズマを生成する。プラズマの電子密度はアーク放電に近く，高密度なプラズマとなるため，高密度の活性種が含まれ，高い反応性を示す。プラズマのガス温度は，出口から1 mmの位置で30～60℃程度である。このため，図7のように金属や半導体だけでなく，繊維，紙，プラスチックなど様々な物質に大気圧プラズマを

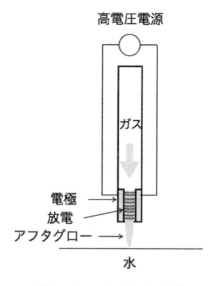

図5　リモートプラズマ装置

第2章　バイオフィルム形成が及ぼす問題点と制御・防止対策

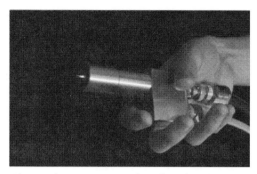

図6　ダメージフリーマルチガスプラズマジェットの外観
（写真はプラズマコンセプト東京の許可を得て掲載）

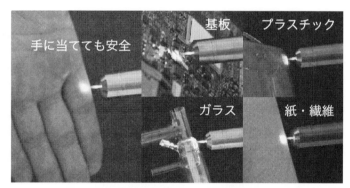

図7　様々な物質にプラズマを照射できる
（写真はプラズマコンセプト東京の許可を得て掲載）

安全に照射することができる。人体に直接照射することもできるので，医療分野などへの応用も期待されている[26]。

　また，従来の大気圧プラズマ装置では，比較的プラズマ化しやすいヘリウム（He）やアルゴン（Ar）など特定のガスしか使用できないものが多かった。こうした装置を用いて殺菌実験を行う場合，ヘリウムやアルゴンのプラズマが持つ高い励起能力により，周囲の空気が活性化され，殺菌効果を発揮していた。このため，生成される活性種は周囲の空気の影響を受けやすく，どの活性種がどのように殺菌に寄与しているかを調べることは容易ではなかった。マルチガスダメージフリープラズマジェットは，図8のようにヘリウムやアルゴンなどの希ガスだけでなく，窒素（$N_2$），酸素（$O_2$），二酸化炭素（$CO_2$），水素（$H_2$）などの分子性のガスや空気，さらにはこれらの混合したガスでも安定したプラズマを生成することができる。ガスの種類を変えると，当然ながら生成される活性種が変わるため，プラズマの性質も大きく変化し，表面処理の効果や殺菌

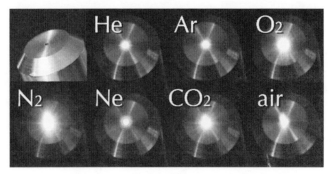

図8 様々なガス種で安定にプラズマを生成可能
（写真はプラズマコンセプト東京の許可を得て掲載）

効果も変わる[6]。このプラズマ装置を用いることで，ガス種と殺菌効果の関係を詳細に調べられる。また，コーティングの原料ガスも使用できるため，工業利用においても一つの装置で様々なガス種を利用できるという大きな利点がある。

#### 6.2.5　液中殺菌用プラズマ照射法

バイオフィルムに対してはダイレクト型またはリモート型プラズマ処理によって除去できることが報告されている[27〜29]。しかし，上記のようなプラズマ処理方式では，処理できる範囲がスポットまたは平面に限られているため，表面積が大きく，複雑な形状の物体に付着している細菌の処理は困難である。さらに，多くのプラズマ中の活性種が物体表面に積層した細菌やバイオフィルム下の細菌に到達するまでに失活するため，下層部の細菌を不活化することは容易ではない。

このような状況下で近年，水をプラズマ処理することによって，液中にプラズマ中で生成された活性種を導入，もしくは，液中で別の活性種を生成し，水自体に殺菌効果を持たせられることが明らかとなった。この特性を活かすことで，液体の殺菌処理のみならず，複雑な形状の材料を効率よく洗浄・殺菌することも可能になる。このため，水処理のためのプラズマ照射方式は多く検討されている[10]。著者らは図9のように，プラズマジェットの噴出孔を処理する溶液を入れた容器の下部に設置してバブリング処理するプラズマバブリング方式を提案し，液中殺菌を行ってきた。プラズマ装置には，ダメージフリーマルチガスプラズマジェットを用いている。これにより，様々な活性種を含むプラズマを，生成すると同時に水中に導入でき，プラズマと水の接触面積も大幅に増加するため，効率のよい液中殺菌を実現できる。後述のように，超音波を併用することで，積層した細菌に対しても高い殺菌効果を示すことが明らかとなっている。

第2章 バイオフィルム形成が及ぼす問題点と制御・防止対策

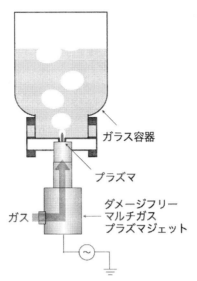

図9 プラズマバブリング装置の構成

### 6.3 各ガス種のプラズマにより液中に導入される活性種

　液中に存在する細菌を対象とする場合，プラズマ中で生成された活性種は液体を介して細菌に作用するため[19]，殺菌効果は液中に導入される活性種の種類や量に依存する。また，生成される活性種の種類や量はプラズマのガス種や電源特性（パルス幅，電力，周波数など），周辺空気などの環境によって変化する[9]。著者らは上記のプラズマ装置を用いて，周辺空気の影響を遮断した環境下でプラズマを生成するガス種が液中の活性種に与える影響を調べた。本稿では，プラズマによって液中に導入される活性種の一例として，酸化力が高く，殺菌に寄与している可能性が高い，ヒドロキシルラジカル（HO·），一重項酸素（$^1O_2$），オゾン（$O_3$），過酸化水素（$H_2O_2$）を測定した結果を紹介する。

　ヒドロキシルラジカルと一重項酸素は反応性が高く，液中における寿命はそれぞれナノ秒オーダーとナノ秒～マイクロ秒オーダーであるため，直接観測することは困難である[30,31]。そこで，固有の活性種を捕捉できる各種スピントラッピング剤を用いた電子スピン共鳴法（ESR：Electron Spin Resonance）により定量した[32,33]。オゾンと過酸化水素は，発色試薬を用いた吸光光度法で定量した[34]。このときのプラズマのガス種にはアルゴン，酸素，窒素，空気（窒素：酸素＝8：2），二酸化炭素を用いた。

　各種活性種濃度のガス種依存性を調べた結果を図10に示す。ヒドロキシルラジカルは窒素プラズマを使用した場合に最も高い濃度となり，一重項酸素，過酸化水素，オゾ

バイオフィルム制御に向けた構造と形成過程

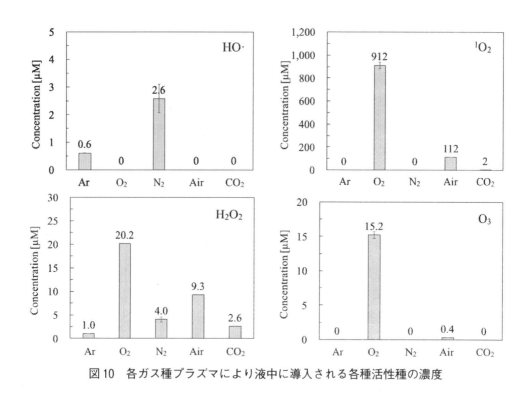

図10 各ガス種プラズマにより液中に導入される各種活性種の濃度

ンは酸素プラズマで最も高い濃度となった。ヒドロキシラジカルおよび過酸化水素は酸素原子や水素原子を含まない窒素やアルゴンのプラズマでも検出された。これは図11に示すように原子化した窒素やアルゴンが水分子に衝突することで生成したものと考えられる[8]。これらの結果からガス種を変えることで、液中に導入される活性種の量や種類が大きく異なり、用途に応じてガス種を変えることで高い処理効果が得られることが示された。

### 6.4 大気圧低温プラズマによる殺菌効果

　液中における殺菌では、殺菌対象は浮遊菌と付着菌の二種類に大別され、プラズマ殺菌がどちらに対しても有効であることが望ましい。上下水道の殺菌処理のように浮遊菌を対象とする場合、菌液をプラズマ処理するとともにプラズマガスで溶液を撹拌することが可能であるため、細菌と活性種が接触しやすくなり、殺菌処理が容易となる。一方、使用後のまな板や医療機器のように付着菌を殺菌対象とする場合は、細菌の堆積やバイオフィルムの形成が、細菌と活性種の反応を阻害することから、殺菌処理は困難となる。本項では、各種浮遊菌および付着菌に対するプラズマの殺菌効果について記述する。

第2章 バイオフィルム形成が及ぼす問題点と制御・防止対策

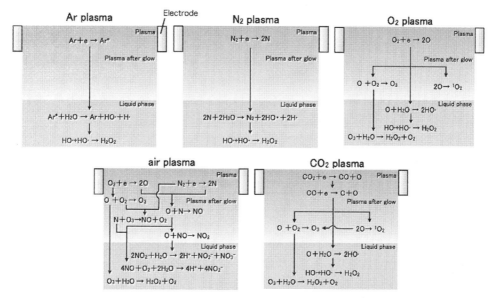

図11 各ガス種のプラズマと水の反応機構[8]

### 6.4.1 各種浮遊菌に対する大気圧低温プラズマの殺菌効果

　浮遊菌に対する殺菌効果は，ガラス容器の中に 200 mL の各種細菌の懸濁液を入れ，プラズマバブリングを行い，生菌数を調べることで評価した。初期菌数が $4.9 \times 10^6$ CFU/mL の *Escherichia coli*（*E. coli*）の菌液に対する各ガス種のプラズマの殺菌効果を図12に示す。図は横軸がプラズマバブリングの時間で，縦軸がそのときの生菌数である。酸素プラズマおよび二酸化炭素プラズマは，それぞれ生菌数を10秒および1分で検出下限値（200 CFU/mL）以下にする高い殺菌効果を示した。空気プラズマは，5分間で生菌数を検出下限値以下にする殺菌効果を示した。一方，窒素プラズマとアルゴンプラズマでは，殺菌効果が確認されなかった。酸素プラズマに関してはオゾンまたは一重項酸素が殺菌に関与している可能性が高い。二酸化炭素プラズマに関してはいずれの活性種の量も他のガス種よりも少なく，その殺菌要因は未だ明らかとなっていない。

　さらに上記の実験で殺菌効果の高かった，酸素と二酸化炭素のプラズマを用いて，*Pseudomonas aeruginosa*（*P. aeruginosa*），*Staphylococcus aureus*，*Candida albicans*，*Serratia marcescens*（*S. marcescens*）に対する殺菌実験を行った結果を図13に示す。*S. marcescens* に対しては，酸素プラズマが30秒以内に生菌数を検出下限値以下にする高い殺菌効果を示し，二酸化炭素プラズマは5分で検出下限値付近まで生菌数を減少させ

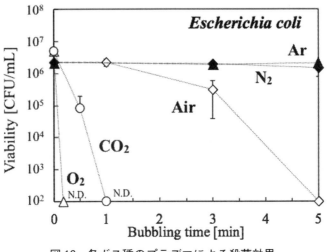

図12　各ガス種のプラズマによる殺菌効果

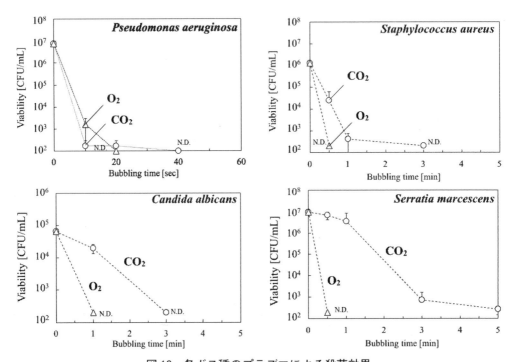

図13　各ガス種のプラズマによる殺菌効果

る殺菌効果を示した．その他の菌種では，5分以内の酸素および二酸化炭素プラズマバブリングによって生菌数が検出下限値以下に減少した．これらの結果から，この2つのガス種のプラズマが様々な一般細菌に対しても有効であることが示された．

第2章 バイオフィルム形成が及ぼす問題点と制御・防止対策

### 6.4.2 プラズマバブリングによる付着したバイオフィルム構成菌の不活化

20 mm×20 mm の SUS 板（SUS 316L）に付着させた *P. aeruginosa* に対して $CO_2$ プラズマバブリング処理を行い，SUS 板に付着した *P. aeruginosa* を滅菌綿棒で回収し，生菌数をカウントすることで，付着菌に対する殺菌効果を評価した。付着菌のサンプルは，緑膿菌を懸濁した培養液の中に SUS 板を浸し，15 時間培養して作製した。バブリング処理は 200 mL の精製水中に *P. aeruginosa* を付着させた SUS 板を吊架して行ったため，SUS 板から細菌が遊離して浮遊菌となる。このため，付着菌の生菌数を調べると同時に，精製水中の生菌数も調べた。図 14 の横軸はバブリング時間，左の縦軸は付着菌の生菌数，右の縦軸は浮遊菌の生菌数である。付着菌の初期菌数は $2.7×10^5$ CFU であり，5 分間のプラズマバブリング処理により，検出下限値である 200 CFU 以下となった。浮遊菌数は，バブリング開始後 1 分のとき，$7.1×10^4$ CFU/mL であったが，3 分後には検出下限値以下となった。これらの結果から，プラズマバブリング処理が付着菌に対しても有効であることが示された。また，バブリング開始から 2 分後には，付着菌の生菌数が検出下限値近くまで減少したものの，検出下限値以下になるまで，3～5 分を要した。この原因としては，SUS 板表面における細菌の堆積が考えられる。SUS 板の表面では細菌が堆積しており，プラズマバブリングによって上層に存在する多くの細菌は不活化されたものの，下層部に存在する細菌は上層部の細菌によりプラズマバブル，または液中の活性種からの影響を受けにくくなっている可能性がある。

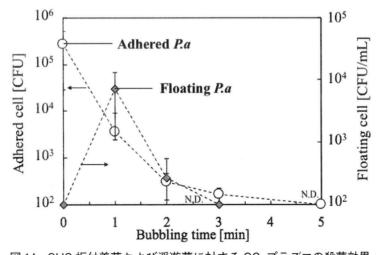

図14 SUS 板付着菌および浮遊菌に対する $CO_2$ プラズマの殺菌効果

### 6.4.3　超音波併用プラズマバブリングによる付着したバイオフィルム構成菌の不活化

　前項の結果から，SUS 板の表面に付着菌が堆積しており，上層の細菌が，下層の細菌とプラズマの接触を阻害している可能性が示された。プラズマバブリングは浮遊菌に対して高い殺菌効果を示すことから，基材に付着した細菌を剥離できれば，下層部に存在している細菌も迅速に不活化できる。そこで著者らは，剥離効果の高い超音波（Ultra-Sonic Wave：USW）とプラズマバブリングを併用することで付着菌の殺菌を行った。超音波は周波数 38 kHz，出力 60 W のものを使用した。図 15 のように，超音波のみの場合は，3 分間の超音波処理で付着菌数が初期菌数 $2.7 \times 10^5$ CFU から $2.0 \times$

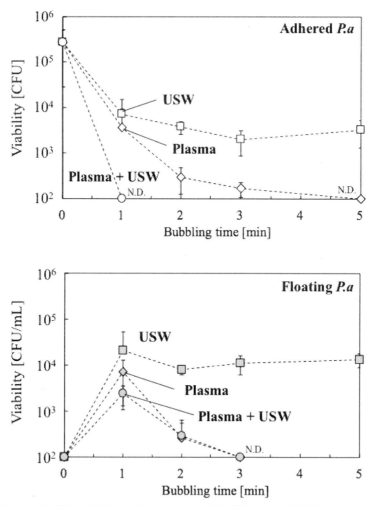

図 15　プラズマバブリングと超音波による SUS 板付着菌および浮遊菌に対する殺菌効果

第2章　バイオフィルム形成が及ぼす問題点と制御・防止対策

$10^3$ CFU まで減少したが，5分間の処理でもそれ以下にはならなかった。また，超音波処理を行った場合の浮遊菌数は処理開始後1分から $2.1 \times 10^4$ CFU/mL 程度となり，超音波処理によって菌数が減ったように見えるが，今回の実験は 200 mL の精製水中で行っており，菌濃度でなく溶液全体の数にすると $4.2 \times 10^6$ CFU となるため，全体の生菌数は大きく変化していない。これに対して，プラズマバブリングと超音波を併用した場合は，1分以内に付着菌数が検出下限値以下となった。この結果から，プラズマバブリングと超音波の併用によって，付着菌が剥離されやすくなったことによる殺菌効果の向上が確認された。一方，浮遊菌数はプラズマバブリングと超音波の併用した場合でも，検出下限値以下まで減少する時間は3分であった。この結果から，浮遊菌に対する殺菌効果は大きく変わらず，超音波を併用することで SUS 板への細菌の再付着を防げられたと考えられる。以上より，バイオフィルムの殺菌には，超音波とプラズマの併用が効果的であることが示された。

## 6.5　おわりに

　本稿では，プラズマの利用先やその生成方法を記述し，その殺菌効果について著者らの研究成果を用いて紹介した。従来手法では，機器に付着した汚れを落とす予備洗浄や，処理後に薬剤を落とす作業が必要であった。しかし，最後に紹介したプラズマと超音波の併用処理では，付着した細菌に対する高い殺菌効果だけでなく，細菌が再付着していないことから高い洗浄効果も期待できる。本稿の殺菌実験で使用した酸素や二酸化炭素プラズマの殺菌効果の持続時間は長くとも 10 分ほどであることが明らかとなっていることから，後洗浄の必要もない。しかし，それらの殺菌の機構についてはまだ明らかになっていない部分も多く，実用化に向けて明らかにしていく必要がある。

**謝辞**

　本研究の一部は，㈱藤製作所および文部科学省生体医歯工学共同研究拠点の支援を受けて行われた。研究を行うにあたりお力添えをしていただいた，鳥取大学農学部附属動物医療センター准教授伊藤典彦先生，東京医療保健大学　教授岩澤篤郎先生，講師松村有里子先生，神戸大学医学部　研究員高松利寛先生，㈱プラズマコンセプト東京　代表取締役社長宮原秀一氏に深く感謝します。

バイオフィルム制御に向けた構造と形成過程

# 文　　献

1) 大江一行，プラズマエレクトロニクス，オーム社（2000）

2) 飯島徹穂，近藤信一，はじめてのプラズマ技術，工業調査会（2011）

3) 東康夫，鈴木富雄，清水由章，山田基夫，廃棄物学会論文誌，**7**，193-201（1996）

4) 沖野晃俊，大気圧プラズマの技術とプロセス開発，シーエムシー出版（2011）

5) 松下宗生，片岡時彦，池田倫正，遠藤茂，溶接学会論文集，**30**，77-85（2012）

6) Takamatsu, T., Hirai, H., Sasaki, R., Miyahara, H. & Okino, A., *IEEE Trans. Plasma Sci.*, **41**, 119-125 (2013)

7) van Gils, C. a J., Hofmann, S., Boekema, B. K. H. L., Brandenburg, R. & Bruggeman, P. J., *J. Phys. D. Appl. Phys.* **46**, 175203 (2013)

8) Takamatsu, T. *et al.*, *RSC Adv.*, **4**, 39901-39905 (2014)

9) Takamatsu, T. *et al.*, *Plasma Med.*, **2**, 237-247 (2012)

10) Bruggeman, P. & Leys, C., *J. Phys. D. Appl. Phys.*, **42**, 53001 (2009)

11) Graves, D.B., *J. Phys. D. Appl. Phys.*, **45**, 263001 (2012)

12) Park, D. P. *et al.*, *Curr. Appl. Phys.*, **13**, S19-S29 (2013)

13) Takaki, K. *et al.*, *J. Phys. Conf. Ser.*, **418**, 12140 (2013)

14) Article, R., Machala, Z., Giertl, D. & Janda, M., *Eur. Phys. J. D*, **54**, 195-204 (2009)

15) Locke, B. R. & Republic, C., *Ind. Eng. Chem. Res.*, **45**, 882-905 (2006)

16) Okazaki, S., Kogoma, M., Uehara, M., Kimura, Y., *J. Phys. D. Appl. Phys.*, **26**, 889-892 (1993)

17) 清水雅樹ほか，電気学会論文誌 A，基礎・材料・共通部門誌，**125**，501-507（2005）

18) Borcia, G., Anderson, C. a & Brown, N. M. D., *Plasma Sources Sci. Technol.*, **12**, 335-344 (2003)

19) Oehmigen, K. *et al.*, *Plasma Process. Polym.*, **8**, 904-913 (2011)

20) Jung, J.M. *et al.*, *Plasma Chem. Plasma Process.*, **32**, 165-176 (2012)

21) Shi, J., Zhong, F., Zhang, J., Liu, D. W. & Kong, M.G. *Phys. Plasmas*, **15**, 13504 (2008)

22) Oshita, T., Kawano, H., Takamatsu, T., Miyahara, H. & Okino, A., *IEEE Trans. Plasma Sci.*, **43**, 1987-1992 (2015)

23) Tani, A., Ono, Y., Fukui, S., Ikawa, S. & Kitano, K., *Appl. Phys. Lett.*, **100**, 254103 (2012)

24) Mutaf-Yardimci, O., Saveliev, A. V., Fridman, A. a & Kennedy, L. a., *J. Appl. Phys.*, **87**, 1632 (2000)

25) 小笠原大介，川野浩明，掛川賢，宮原秀一，沖野晃俊 第 77 回応用物理学会秋季学術講演会，15 p-P 6-10（2016）

*160*

第 2 章　バイオフィルム形成が及ぼす問題点と制御・防止対策

26) Takamatsu, T., Kawano, H., Miyahara, H., Azuma, T. & Okino, A., *AIP Adv.*, **5**, 77184 (2015)

27) Joaquin, J. C., Kwan, C., Abramzon, N., Vandervoort, K. & Brelles-Mariño, G., *Microbiology*, **155**, 724-732 (2009)

28) Joshi, S. G. *et al.*, *Am. J. Infect. Control*, **38**, 293-301 (2010)

29) Traba, C., Chen, L. & Liang, J. F., *Curr. Appl. Phys.*, **13**, S12-S18 (2013)

30) Nakamura, K. *et al.*, *Bull. Chem. Soc. Jpn.*, **83**, 1037-1046 (2010)

31) Rodgers, M. A. J. & Snowden, P. T., *J. Am. Chem. Soc.*, **104**, 5541-5543 (1982)

32) Kohno, M., Yamada, M., Mitsuta, K., Mizuta, Y. & Yoshikawa, T., *Bull. Chem. Soc. Jpn.*, **64**, 1447-1453 (1991)

33) Matsumura, Y. *et al.*, *Chem. Lett.*, **42**, 1291-1293 (2013)

34) Ikai, H. *et al.*, *Biocontrol Sci.*, **18**, 137-141 (2013)

# 7 無機物表面のバイオフィルムの評価と対策

兼松秀行*

## 7.1 はじめに

バイオフィルムは無生物固体上，あるいは生体組織上に細菌の活動により形成される，不均一な薄膜状物質である。細菌にとって，バイオフィルム中で生存して，営みを続けることは，むしろ常態であり，バイオフィルムの外にあって浮遊している（この状態の細菌を浮遊細菌あるいは planktonic bacteria と呼ぶ）のは珍しい状態であると，私たち人類が気がつくまで，細菌が地球上に現れてから40数億年の時が必要であった。

バイオフィルム中の細菌は浮遊細菌と大きく異なっている。例えば，大きさを例に取っても，バイオフィルム中の細菌は浮遊細菌に比べて小さくなっていると言われている[1~3]。また突然変異（水平伝搬）が起こることにより，構造変化が促進されるとも言われる[4]。典型的な例としては，リボソームが構造を変え，これをターゲットとするストレプトマイシンのような，アミノグリコキシド系抗生物質が効かなくなるケースが挙げられる[5]。このような特殊なバイオフィルム中の細菌の形態と挙動は，浮遊細菌を基準としてみた場合であって，実は90％以上の細菌がバイオフィルム中に存在していると考えられているため，バイオフィルム中の細菌が，この世の細菌の常態であり，浮遊細菌こそが特殊であると見るべきなのである。

バイオフィルムは固-液界面，気-液界面など，界面に形成され，多くの工業的な問題を引き起こす[6]。本節では，固体として無機物に限定し，無機物-気体，あるいは無機物-液体界面に形成されるバイオフィルムに焦点を当て，関連する問題，評価方法と対策について解説を加える。

## 7.2 無機物表面に形成されるバイオフィルムとその特徴

最初に述べたように，バイオフィルムの形成はもともと細菌など微生物が生存するために必然的に備わった性質であったが，人類がそのことに気がつくのが遅かったようである。顕微鏡の発明者であるレーベンフックは歯から取り出した歯垢を，彼の自慢の顕微鏡で観察をし，細菌の集合体であることを確認している[7]。ところが，その本質がバイオフィルムであるということを意識しなかったために，発見は20世紀まで待たれな

---

\* Hideyuki Kanematsu 鈴鹿工業高等専門学校 材料工学科 校長補佐，教授；
　　　　　　　　　　　　㈱国立高等専門学校機構 研究推進・産学連携本部
　　　　　　　　　　　　本部員

## 第2章　バイオフィルム形成が及ぼす問題点と制御・防止対策

ければならなかった。

　時ははるかに下って、20世紀前半、米国のZobell[8]が、海洋細菌が無機固体に付着して栄養を獲得することを報告した。また英国のWillkinson[9]により菌体外に分泌される多糖についての報告がなされた。これらの論文はバイオフィルム発見（提唱）の先駆けとなる重要な研究報告である。1970年台半ばに、オーストラリアのニューサウスウエールズ大学のK. C. Marshall[10]が、無機物表面に付着している細菌が重合物質を産生していることを発見した。1978年にはCostertonが、無機物表面を覆っている膜状物質が多糖からできていることを指摘し、これをバイオフィルムと命名し、浮遊細菌との明確な区別を行なって、ここにバイオフィルムという概念が提唱されたのである[11,12]。このため、Costertonはバイオフィルムの父とも呼ばれている。

　上記の歴史的経緯から明らかなように、無機物表面において形成されるバイオフィルムの特徴は、

① 細菌が無機物表面に付着することによって形成されること。
② 有機ポリマー（多糖など）が産生されること。

が特徴である。そしてこの特徴こそがバイオフィルムそのものの本質となって様々な問題を引き起こしている。

　単一で存在する浮遊細菌は、生体内においては、組織上に存在する有機物、生体外では、無機物質上に存在する有機物との間の分子間力によって引き寄せられるが、一方静電気力は反発力として作用し、そのトータルとしての力の変化により、無機物表面近傍のエネルギー状態が決定される[13]。図1は表面エネルギーの状態を模式的に示したものである。通常のイオン強度のコロイドと無機物表面との間には、上述の二つの力のバラ

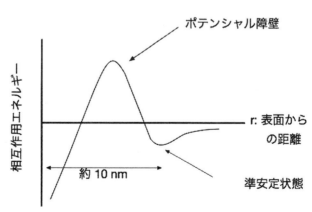

図1　細菌と無機物表面の相互作用エネルギーの概略
（イオン強度が中程度の一般的な場合）

## バイオフィルム制御に向けた構造と形成過程

ンスにより，図1に示すように，表面から 10 nm 程度のところにポテンシャルの山を
持つエネルギー分布を示す。このようなポテンシャル障壁が存在する場合，通常細菌は
これを乗り越えて材料に付着することになる。ところが，ナノファイバーの存在がある
と，このポテンシャル障壁を貫通することができると言われている。そのナノファイ
バーが細菌の繊毛である。繊毛の存在によって，ポテンシャル障壁を乗り越えて細菌は
無機物表面に付着することができると考えられる。

　無機物表面に付着した細菌は次第にその数を増やしていくものと思われる。細菌は体
外に Auto Inducer と呼ばれるタンパク質を出していて，細菌の数が増えるとともに，
Auto Inducer の濃度も増える。Auto Inducer は細菌の種類によって異なるが，例えば
アシルホモセリンラクトン（AHL）がよく知られている[14~16]。Auto Inducer の濃度が
増え，ある閾値に到達すると，細菌の遺伝子を刺激し，一斉に多糖を排出するようにな
る。

　この現象は，クオラムセンシング（Quorum sensing）[14~18]と呼ばれており，もともと
バイオフィルムとは全く無関係に検討されていた現象であった。しかしバイオフィルム
形成のための多糖排出機構と結びつき，バイオフィルム形成メカニズムに取り込まれ
て，その一部となったのである。こうして付着細菌の数が増えると，有機ポリマーが排
出され，それによって膜状物質の骨格が構成され，水と有機ポリマーと細菌から構成さ
れる数 $\mu$m から数十 $\mu$m の厚さからなる不均一な膜状物質が形成される。これがバイオ
フィルムの形成である。有機ポリマーは一般に EPS（Exopolymeric substance：細胞外
重合物質）と呼ばれている。

　バイオフィルムは形成されると，周囲の環境中に含まれる様々な無機，有機成分を取
り込み，さらに成長を続ける。周囲の成分を取り込むその理由と機構については詳細は
まだわかっていないが，おそらくバイオフィルム中の EPS が重要な役割を果たしてい
るものと思われる。例えば緑膿菌が形成するバイオフィルムでは，アルギン酸が代表的
な細胞外多糖であると言われているが，アルギン酸のような多糖は二価の金属イオンと
結合しやすいと言われている。このような EPS を構成する有機ポリマーとの反応によ
り周囲の有機物質，無機物質がバイオフィルムに取り込まれ，バイオフィルムの成長が
引き続き起こるものと思われる。バイオフィルムの形成と成長過程は，図2のように模
式的に示すことができる。

　こうしたバイオフィルの形成と成長過程は，生体の内部と外部で，ほぼ同じように起
こると考えられる。図3にその比較を模式的に示す[19]。

　生体内においては，細菌が生体組織の上に付着する。細菌と組織上のペプチドとの分

第2章 バイオフィルム形成が及ぼす問題点と制御・防止対策

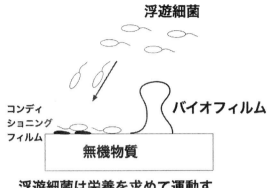

図2 バイオフィルム形成メカニズム

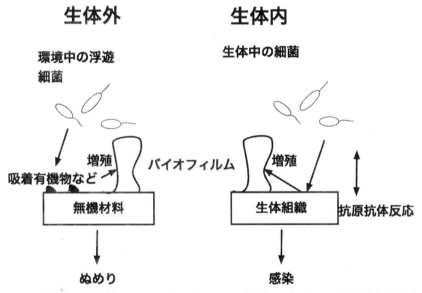

図3 生体内と生体外におけるバイオフィルム形成のプロセスの類似点と相違点

子間力によるものと言われている。通常生体は，細菌のような抗原が存在すると，これに対する抗体反応が起こることが知られている。リンパ球の作用などによるものである。こうした抗原抗体反応によって，生体組織上の細菌は増殖が通常抑制される傾向にある。しかし抗体反応が起こるのにはある程度時間がかかるし，場合によっては，細菌の増殖を抑えることができず，増殖が促進されることもある。このようにして，細菌が生体の組織上に付着して，増殖していく状況を"感染"と呼んでいる。一方，生体外における状況下では，無機物質の表面に有機物が吸着して，極めて薄い不均一な薄膜状物

質として存在していることが多い。この膜状物質をコンディショニングフィルムと呼んでいる。この有機物質と細菌が分子間力で引き合うことになる。その際にすでに上述したように，ポテンシャルの山を越える必要が出て，上記の議論となるのである。

繊毛の役割は無機化学的には確かにそうであるが，生物学的には，次のように考えることができる。細菌の運動は，非生物の物質の動きのように，濃度勾配に駆動されるわけではなく，走性と呼ばれる性質に支配されている[20]。走性は，外部からの様々な刺激に対して，生物が示す先天的な性質である。外部刺激とは，具体的にいうと，例えば，細菌の当該の場合のような"化学物質"，"圧力"，"電流"，"磁場"，"水分"，"光"など，多数挙げられる。これらは全て走性であるが，特にそれぞれについては，"走化性"，"走圧性"，"電気走性"，"走磁性"，"送水性"，"走光性"などと呼ばれている。細菌が無機材料表面に付着する傾向は，この走化性が一番大きいのではないかと思われる。

こうして無機物質表面に付着した細菌は，生体内と違って，抗原抗体反応に相当する増殖を抑える作用が存在しないため，増殖を続けることが多い。生体外の場合は，増殖が起こる結果，"感染"ではなく，"ぬめり"につながる。ぬめりは工業的に様々な問題を引き起こすために，生体内の感染とは異なった重要な問題を引き起こすことになる。

## 7.3　バイオフィルムが引き起こす工業的な問題

さて，前節で述べたバイオフィルムは様々な工業的な問題を引き起こす。図4はそれを模式的に示したものである。無機物質は工業用（産業用）材料として様々なところに用いられている。これらすべてを説明するのは紙面の都合上不可能であるが，すでに拙著[6]においてかなりの部分を解説している。ぜひそちらを参照していただければと思う。ここでは紙面の都合上，諸問題の中から，腐食・スケール問題，医療衛生問題，の二つに分類して概説する。

### 7.3.1　腐食・スケール問題

腐食とスケール問題は，金属材料がバイオフィルムに関与する際の，重要な問題として，挙げることができる。いずれも，素地の金属材料が引き起こす酸化還元反応が関与している点で，共通している。

腐食については，細菌が関与している現象として，微生物腐食が挙げられる。微生物腐食は，MIC（Microbiologically Influenced Corrosion）とも呼ばれ，長年議論の対象となってきた。その定義として，通常次の二種類が挙げられると思う。

・金属，溶液と微生物から構成される系において，微生物が腐食反応を促進する電気化学的プロセス。

*166*

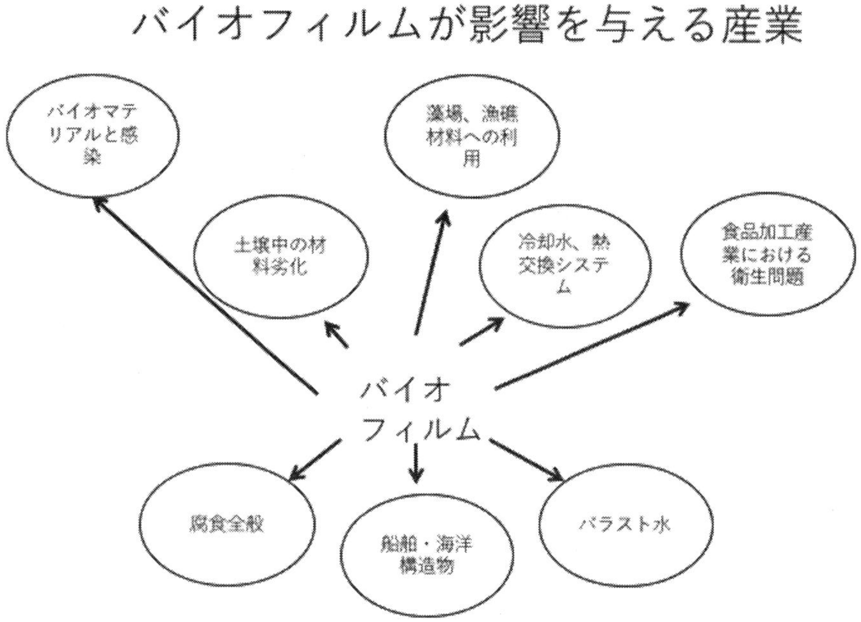

第2章　バイオフィルム形成が及ぼす問題点と制御・防止対策

# バイオフィルムが影響を与える産業

図4　バイオフィルムと工業（産業）問題

・界面に付着する微生物によって引き起こされる金属の腐食反応速度の変化に関する現象。

　微生物腐食の研究は，すでに1世紀以上の長い歴史があり，第一の定義にこだわった展開がなされてきたように思われる。著者は，かえってそのために，正確な解析が遅れてきたのではないか，という印象を持っている。多くの人々は，様々な環境における細菌の存在下で，腐食が加速される現象には気づいていた。しかしそれがなぜかという解析が遅れていた。1930年代にvon Wolzogen Kuhrらによって，硫酸還元菌が関与した腐食機構が提案された[21,22]。図5に模式的に示すように，硫酸還元菌のもつ特殊な新陳代謝反応に着目したものである。硫酸還元菌は無酸素状態（嫌気性環境）下で，硫酸イオンを還元し，硫化水素を形成する。硫化水素は鉄鋼材料が腐食溶解して形成される鉄イオンと反応して，硫化鉄を形成する。こうして硫酸還元菌の存在下で腐食反応が活発に起こり，微生物腐食が進行する，と考えられた。微生物が関与する理由を，細菌の新陳代謝と組みあわせて，電気化学反応を提案できたため，微生物腐食が科学として発展をし始めた大きな契機となった点で，彼らの研究は高く評価できる。それ以降，多くの研究が硫酸還元菌を用いてなされた。確かに硫酸還元菌が存在する環境下では，鉄鋼材料の腐食は促進される。嫌気環境下で硫酸還元菌が存在する実験条件で，この微生物により加速された腐食は確実に認められるため，このような現象は確かに起こっていると

*167*

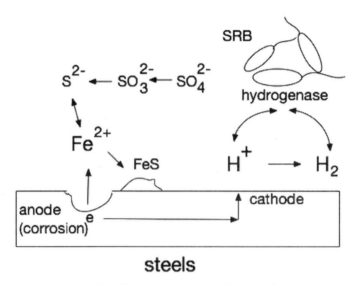

図5 微生物腐食における硫酸還元菌（SRB）モデル

思われる。しかし，その逆，すなわち，微生物によって加速された腐食が認められる環境下で必ず，硫酸還元菌が認められるかといえば，そうではないように思われる。著者は共同研究者とともに，これを確認したことがある。

間世田らと著者ら[23]は，表面研磨を施した4種類の金属片を試料として用い（機械構造用炭素鋼 JIS SS400, SUS 304, すず, 銅の板材（50 × 50 mm）），これらを伊勢湾岸のある海岸（三重県鈴鹿市）において一週間浸漬した後，引き上げて付着物（バイオフィルム）をかいて集め，そこからDNAを抽出した。抽出したDNAのうち，16S-rDNAに相当する領域のみについて，特異的プライマーを用いたPCRによって増幅した。各16S-rDNAは，遺伝子導入用に構築されたVectorと呼ばれる環状DNAに組み込んだ後，大腸菌に導入しクローニングを行った。これによって16S-rDNAライブラリー（大腸菌1細胞が1種類の微生物に由来する16Sr-DNAをもつ）を作成した。作成した16Sr-DNAライブラリーを利用し，海洋微生物由来の16S-rDNAについてDNAシーケンサーにより塩基配列を決定した。決定した塩基配列は，BLAST検索にて微生物種（近縁種）を同定した。このような遺伝子解析により，バイオフィルム中に存在する細菌叢をある程度推定することができる。この海洋浸漬において腐食はかなり進行したことが認められたが，見つかった細菌は硫酸還元菌が見つからなかったケースもあり，また存在したとしてもごくわずかな割合であり，とても腐食に対して中心的役割を果たしたとは言い難い結果であった。浸漬深さは2mの実験であったため，嫌気性環境下と

第2章 バイオフィルム形成が及ぼす問題点と制御・防止対策

は言い難い環境でもあった。多くの割合を占めた細菌は，VBN 細菌（生きているが培養できない細菌）であった。これらの結果を総合すると，通常の腐食に関連する細菌の集まり，すなわちバイオフィルムは，硫酸還元菌のような特殊な細菌ではなく，むしろ普遍的に存在する，培養不可能な細菌群である可能性が高いと考えている。ことさら特殊な細菌を持ち出さなくても，むしろ重点はバイオフィルム存在にあるのではないか，そのように著者らは考えている。

これに関しては，別途平行して提案されていたバイオフィルムによる酸素濃淡電池説がある[24]。図6にそのモデルを模式的に示す。

バイオフィルムが形成されると，有機ポリマーの存在によって，その部分はある意味で被覆される。この覆っている膜は，すでに述べたように，不均一であるため，要するに凸凹となっており，周囲の環境中に存在する酸素との接触の程度が，膜の厚さに応じて不均一となる。このため基材の金属材料表面における酸素の濃度に濃淡が生じ，これが電位差となり，いわゆる酸素濃淡電池が発生する。このため，電位の貴なバイオフィルムが厚く成長している部分がカソードとなり，薄い部分が電位が卑となり，アノードとなる。こうしてこの薄い部分のアノードが腐食する形となって，微生物腐食が進行するというモデルである。このモデルに従うと，特殊な細菌の存在を仮定する必要がなくなる。どのような細菌も程度の差こそあれ，バイオフィルムを形成するため，細菌の種

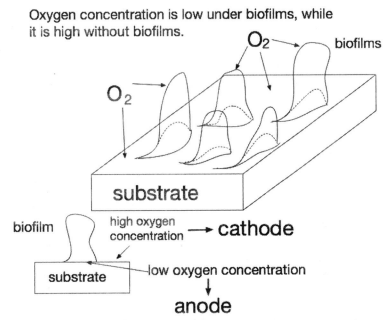

図6 バイオフィルムにより引き起こされる腐食-酸素濃淡電池説

バイオフィルム制御に向けた構造と形成過程

類よりも，むしろバイオフィルムの量的，質的な問題によって，腐食が影響を受けると言える。

このようなモデルに従って，生貝ら[25,26]は，表面を鏡面加工したSS400とステンレス鋼SUS304を0.5×0.6×10 mmのサイズに切断し，これを緑膿菌PAO1を含む培地（グルコース0.6%を添加したM9最少培地）中に浸漬し，30日間静置浸漬し，バイオフィルムを形成させた。その後放射光を用いて，バイオフィルムと器材の断層写真を撮影して詳細にバイオフィルムと基材界面を観察し検討した。詳細なそして地道な比較検討により，彼らは腐食が，従来言われていたような，バイオフィルム中央部と基板との界面ではなく，バイオフィルムが形成される付け根あたりにあることを確認している。これも酸素の行き渡りにくい部分での腐食と考えられており，酸素濃淡電池モデルの妥当性を示す一つの証拠ではないかと考えている。

著者は，これらのいずれの説も可能性があると考えているが，それに加えて，バイオフィルムが水分を材料表面に保持する能力があることに着目している。これによって，材料表面で電気化学反応（腐食反応）が起こりやすくなることが保証される。これは間接的な効果であるが，バイオフィルムが腐食に関与している一つの大きな可能性であると考えている。またバイオフィルムは有機ポリマーを内部に含むが，これがイオン性の有機物質である可能性もある。その場合，イオン性有機物質と基材の金属材料との酸化還元反応を検討する必要が出てくるかもしれない。これらはこれからの問題点として，検討されることになるかもしれない。

### 7.3.2　医療衛生問題

もともと細菌が作り出すバイオフィルムであるので，医療衛生問題は，そもそもバイオフィルムの関係する問題として，捉えることができるのは当然である。図3に体の外と体の内側において，バイオフィルムが形成する様子をすでに模式的に示して比較した。体外においては，細菌が材料表面に付着し増殖すると，バイオフィルムが形成されるが，通常これを抑制する効果は，多くの基板材料において難しく，その結果バイオフィルムが成長する。バイオフィルムの構成成分は既に述べたように，細菌と水分，そして有機ポリマー（EPS）であるので，実際バイオフィルムはヌメヌメした水の膜と考えることができる。したがって，この現象が進行することは，ぬめりが生じることを意味する。一方において，体内では，生体材料の場合を除いて，多くの場合，細菌は生体組織上に付着する。生体内においては，通常こうした細菌のような異物は，抗原として認識され，生体の中に抗体と呼ばれるタンパク質が作りされる。抗原と抗体は特異的に反応して結合し，抗原である細菌の増殖が抑制される。細菌の増殖が起こって，バイオ

*170*

## 第2章 バイオフィルム形成が及ぼす問題点と制御・防止対策

フィルムが形成されるのは，まさに感染そのものであり，バイオフィルムと感染は表裏一体の深い関係にある。そのため，生体内におけるバイオフィルムの問題は，まさに感染の問題と言い換えることができる。アメリカ国立衛生研究所は，人体における慢性病の約8割はバイオフィルムが原因であると述べているが[27]，感染イコールバイオフィルムであるという立場から考えると，それ以上の割合でバイオフィルムが慢性病の原因となっている可能性がある。

バイオフィルムが生体内において問題となるのは，バイオフィルム中の細菌が薬剤耐性を持つためである。すなわちバイオフィルム中における細菌に対しては，抗生物質は効かなくなる。これは生体外においても同様であり，例えば殺生剤，あるいは消毒剤としてよく知られる次亜塩素酸も，バイオフィルムが形成されると，バイオフィルム中の細菌に対して，その抑制効果が次第に消失することが知られている[28]。それはなぜであろうか？

以前は，バイオフィルムが薬剤の通過を制御する膜として機能すると考えられていた。そのような効果が全くないと断定はできないが，薬剤がある程度バイオフィルム中にも存在することが指摘され，現在ではこの説はわかりやすくはあるが，普遍的な説明としては受け入れられていない。むしろ，薬剤はバイオフィルムを通過するのだが，バイオフィルム中において細菌が構造を変えてしまい，そのため抗生物質が細菌に対して作用しなくなったり，あるいはEPSと薬剤とが反応することにより，薬剤が不活化すると著者は考えている。

前者については，その一例として，ストレプトマイシンが挙げられる。ストレプトマイシンは，アミノグリコキシド系の抗生物質であり，結核の治療に用いられた最初の抗生物質として知られている。作用機構は，真正細菌のリボソームを選択的に攻撃することによって細菌を選択的に殺すことができると言われている。ところが，はじめに述べたように，バイオフィルム中において，細菌が突然変異によりリボソームの構造を変えることがある[4,5]。そのため，ストレプトマイシンがターゲットを失い，効力を失ってしまう。従来から，バイオフィルム中では，細菌の表現形が変わることは知られており，またdormantと呼ばれる活動の低い状態になることも知られており[29~31]，バイオフィルム外において浮遊細菌として存在している状態とは随分異なる状態にある。しかし，これに加えて，細菌が構造を変えるに至って，薬剤の効果が失われることが考えられるのである。後者のEPSとの反応については，まだ多くの研究がなされているわけではないが，例えばバイオフィルムを非常に形成しやすいことで知られている緑膿菌[32]やその他の細菌[33]は，ベータラクタマーゼを産生し，これがベータラクタム系抗生物質であ

バイオフィルム制御に向けた構造と形成過程

るペニシリンを加水分解し，ペニシリンを不活化させ，これによって細菌が薬剤耐性を持つことが指摘されている。またEPSを構成する有機ポリマーはアニオン性であったりカチオン性であったりして，バイオフィルム中において酸化還元反応を起こしている可能性が強い。これによってバイオフィルム中に侵入した薬剤は，EPSと反応し，不活化している可能性がある。EPS内における酸化還元反応は一般に複雑であると想定され，まだまだその多くが，これから解明されていくべき現象であるが，このEPS内の反応によって薬剤の効果が失われている可能性は極めて大きいものと思われる。

こうした薬剤耐性の問題は，慢性病の対策だけでなく，院内感染の問題として，今後広く議論され，またその対策が立てられていく問題であろうと思われるが，バイオフィルムの知見なくしては，効果的な対策は立てられないと思われる。今後一層この観点からのバイオフィルムの検討がなされることが望まれる。

## 7.4 バイオフィルムの評価法

さて，以上のように外観してきたバイオフィルムの産業上の問題であるが，二つの分野を挙げただけでも，非常に多くの問題点が挙げられ，極めて広範囲にわたる産業上の問題であることが示唆される。バイオフィルムの評価システムは，研究目的として検討されたものは極めて多い。特に共焦点レーザ顕微鏡がその一つであり，基礎研究の必須のツールであるかのごとき状況を呈している。また，細菌とEPSを総合的に検討することを可能とするプロテオミクス的手法も[34]，将来的にみて，複雑系の取り扱いという観点から，潜在的に新しい未開拓の分野の扉を開けることにつながる可能性がある。それら一つ一つの詳細な説明などは拙著をご覧いただきたい。しかし実際にバイオフィルム抑制効果のある材料を選択する必要に迫られる現場の技術や開発研究者にとっては，これらのいずれも，普遍的に入手可能なものではなく，本稿においては，その中で工業的に可能であり，材料開発にもつながると考えられる手法を選んで解説を加えたい。

### 7.4.1 光学顕微鏡

顕微鏡には色々な種類のものがある。通常の光学顕微鏡から蛍光顕微鏡，各種電子顕微鏡，ひいては，白色干渉顕微鏡，原子間力顕微鏡などなど，枚挙にいとまがないほどである。その中でもベーシックな光学顕微鏡が有効である。図7に光学顕微鏡で観察した一例を示す。

図7(a)に示すように，通常このように何かしら通常とは少し違う表面状態を示すのが特徴である。確かに何かが存在している，ということがわかるのであるが，これを即座にバイオフィルムと指摘できるには，相当の経験を必要とする。一方それがバイオ

第 2 章　バイオフィルム形成が及ぼす問題点と制御・防止対策

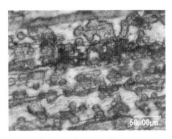
(a) 光学顕微鏡で表面から見たバイオフィルム

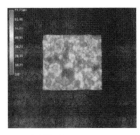
(b) 海島パターン

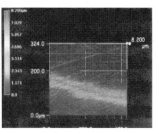
(c) 連続的な色の変化

図 7　反射型光学顕微鏡で観察したバイオフィルム

フィルムであることの確証を第三者に示すには困難さを感じるであろう。一方，試料ステージを焦点近くで微小距離ずらして，それぞれの位置で像を撮影し，一つにまとめて，3 次元のプロフィールを構成することが比較的多くの光学顕微鏡で可能となっている。このような手法によって，バイオフィルムが形成されることによって形成される数十 μm 程度の凹凸を検出し，表示することができ，その結果バイオフィルムを視覚的に検出し確認することができる。図 7(b)，図 7(c) はその一例であり，凹凸を顕微鏡内のコンピュータによって色によって表示し，凹凸を示している。赤い色は凸部であり，青い色は凹部，そしてその中間色の黄色は，中間的な高さに対応して表示されている。本稿はモノクロで表示されているので，色の変化はわからないが，図 7(b) でまだらな海島構造をとっていることがお分りいただけると思う。このような場合に，バイオフィルムが形成されていることが経験的にわかっている。

一方，図 7(c) のような一様な色が連続的に変化するようなパターンだと，単に試料の傾斜が反映されているに過ぎず，バイオフィルムの形成を意味しない。本稿でもグラディエーションが形成されており，海島構造のパターンと異なることがお分かりいただけるであろう。この手法は大変わかりやすく，バイオフィルム形成の有無を判断するスクリーニングの手法として使える[35,36]。しかし，精度が悪く（μm オーダーだとアーティファクトを生じやすい。），また定量化が極めて難しいことが欠点として挙げられる。

### 7.4.2　分光学的手法

一方比較的使いやすく，興味深く思われるのが，分光学的手法である。代表的なのが，UV-VIS，FTIR-ATR 法，ラマン分光法である。これらの手法は材料表面における有機物を検出することができる。バイオフィルムが形成されると，材料表面工学的には，無機材料の上に有機ポリマーの薄膜状物質が形成されている系となるため，これらの手

*173*

法が有効である。

　UV-VIS法では，バイオフィルムが構成されると，200 nmから450 nmあたりの波長域において，吸収が起こるという報告がある。これに基づいて商品化されているものもあるが，著者らがこれまで確認したところによると，それはなかなか測定が難しいように思われる。というのは，その波長領域では基板となる多くの有機材料が吸収帯をもち，バイオフィルム由来の有機物であることが確認しにくい。それよりも，もっと簡単な方法がある。透明な基材が使われている場合，図8[6]に模式的に示されるように，バイオフィルムが形成されると，曇りが生じる。バイオフィルムはある種の"汚れ"であるためである。これらの曇りの程度とバイオフィルムの形成度には相関があるため，透過度あるいは吸収度を測ることによりバイオフィルムの形成の程度を評価することができる。

　図9[37]はガラス上にある種のバイオフィルムリアクター（実験室における加速形成試験機：Laboratory Biofilm Reactor(LBR)）によりバイオフィルムを形成させた時の透過率を示しており，バイオフィルム形成をこれによって評価している例である。

　一方FTIR-ATR法はバイオフィルム中の有機ポリマー（多糖，タンパク質，核酸，脂質など）を直接分析可能である。通常のFTIRでは粉末状試料を使って赤外線を透過させることにより，その吸収される波長を分析することにより，構成物質を解析する。しかし材料科学的に系を見た時，取り扱いの簡単さと，試料の実状に合わせた解析方法が可能となる点において，反射によって分析できることが最も都合が良い。そのため，FTIR-ATR法がおすすめである。図10はその結果の一例である。

　この例では，シラン系樹脂をコーティング剤として，ガラスや鉄鋼材料上に被覆しているが，シラン系樹脂中に抗菌性を持つ銀ナノ粒子や銀の有機化合物を分散させ，バイ

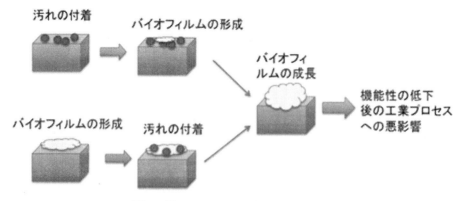

図8　汚れ，くもりとバイオフィルム

第2章 バイオフィルム形成が及ぼす問題点と制御・防止対策

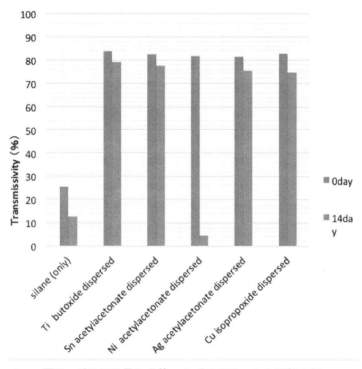

図9 ガラスの曇りを使ったバイオフィルム評価の例

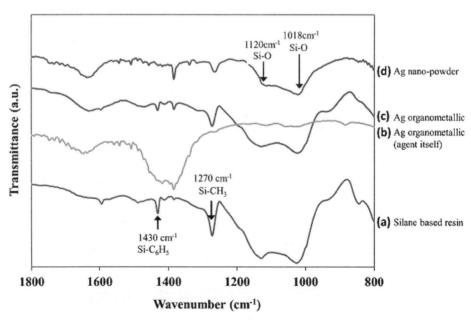

図10 (a)シラン系樹脂，(b)銀ナノパウダー含有コーティング，
(c)有機銀含有コーティングと(d)有機銀そのものの赤外分光のスペクトル
特徴的なピークが観測された400～2000の範囲を抜粋。

オフィルムを実験室で形成させて，そのFTIR-ATRで分析して得られたシグナルを解析している[38]。

バイオフィルムを構成する有機物質の組み合わせとその量的な比率はケースバイケースであり，そのため，現在は指紋法によるパターンの定性的解析がもっとも有効であるように思われるが，定量的な解析も今後さらに検討を深めることにより可能となるかもしれない。FTIR法は，そもそも有機物の分極に基づく測定法であるため，非対称な有機物質の分析が得意である。一方対称な物質については測定できない場合が多く，その意味で，次に述べるラマン分光法と併用して相補的に解析を行うことが望ましい。

ラマン分光法は，材料に光を照射すると，大部分は入射光と同じ波長の光が散乱されるが（レイリー散乱），一部微弱ではあるが，入射光と異なった波長の光が反射される（ラマン散乱）。この入射光の波長と異なる反射光の波長は，表面に存在する有機物質固有のものであり，この波長を解析することにより，材料表面の有機物質の同定や定量が可能となる。この方法は，FTIR-ATRと比較すると材料の誘電率に深く関わっており，FTIRでは解析が難しかった電気的に対称な有機化合物の分析も可能であるため，FTIRと併用することにより，さらに詳細で精度の良い分析が可能となる。図11にその一例を示す[39]。図11は金属材料（鉄鋼材料）上に形成されたバイオフィルムを解析した例である。金属材料の場合，通常ラマンシフトは観察されることがない。バイオフィルム由来の有機物が存在すると，ピークが現れるため，比較的バイオフィルムの解析は容易である。一方基材が有機材料である場合，基材のピークが含まれるため，その解析には慎重になる必要がある。基板が金属である場合，例えばこれが銀であると（銀は，バイオフィルム抑制のための細菌の増殖抑制が見込まれる金属であるため，その

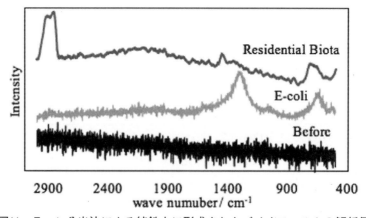

図11　ラマン分光法による純鉄上に形成されたバイオフィルムの解析例

ケースが結構多い。)，表面プラズモン効果が起こり，ピークが擾乱を起こし，その解析が難しくなることが多いため，注意を要する。その場合，FTIR-ATR 法の併用が解析を確実なものにすることは言うまでもない。

　これらの分光学的方法は[40,41]，定性的な解析に非常に有効である。定量的にというと，原理的には可能であるが，ピークのパターンが様々であるため，現状では単に強度の解析だけでは難しいように思われる。このようなパターンの解析などを含めた定量分析法の確立が求められている。さらに加えて，ラマン分光法あるいは FTIR-ATR 法では，装置が1千万円を超えるものから，数十万円程度まで様々であり，比較的低コストで材料技術者が解析に取り組めるが，汎用機というにはまだまだ距離感があり，その点では現場での分析が容易というところまでは達していないのが現状である。

### 7.4.3　染色法

　染色は，アッセイ系が確立されていれば，最も簡単な方法と言える。染色には様々な色素が考えられ，すでに，大きなひとまとまりの技術となっている。一般に蛍光色素を使うと蛍光顕微鏡が必要になり，バイオ技術に慣れていない材料技術者などにとっては結構難しい。これについても拙著[6]にまとめられており，興味のある読者諸氏のご参考になればと思う。中でも，比較的簡単な染色剤があり，煩雑な解析や染色プロセスを回避し，取り扱いも簡単で有効な色素があり，著者はこれに着目している。それがクリスタルバイオレットである。

　クリスタルバイオレットは，図12[42]に示すようなトリフェニルメタン骨格を有する塩基性の染色色素であり，強酸中で黄色を示すために，酸性 pH 指示薬としても用いられている。また古くから細菌細胞を染色する目的で用いられている。グラム染色と呼ばれる方法である。図13はその染色過程をフローチャートで示したものである[43]。細菌

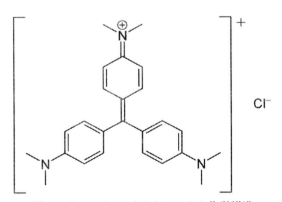

図12　クリスタルバイオレットの化学構造

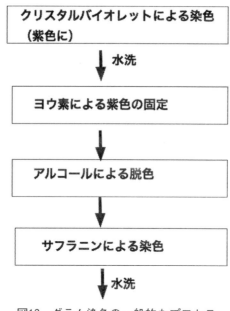

図13 グラム染色の一般的なプロセス

にはグラム染色の違いにより，グラム陽性菌とグラム陰性菌が存在する。グラム陽性菌はグラム染色により，濃い紫色に染まるが，一方グラム陰性菌は赤色に染まる。その違いは，細菌細胞の外側の構造の違いに起因している。一般に細菌は，外側に細胞膜があり，細胞の内外を分け隔てている。グラム陽性菌と言われる一群の細菌は，細胞膜の外側に，さらに細胞壁を有する。細胞壁は，厚いペプチドグリカン層からなっており，クリスタルバイオレットによって染まった紫色がそのまま保持される。一方，グラム陰性菌はペプチドグリカン層が極めて薄く，細胞膜の外側に外膜と呼ばれるリポ多糖からなる膜によって覆われている。そのため，クリスタルバイオレットによって染まった紫色は，対比染色であるサフラニンにより染まった赤色が強く出ることになる。

このようにクリスタルバイオレットとサフラニンによって二重に染められるグラム染色であるが，バイオフィルムを染めるクリスタルバイオレットの作用は，これとは厳密には異なる染色である。クリスタルバイオレットで細菌そのものが染まることは確かであるが，メインに染めるのは，EPS中の多糖であると考えられる。残念ながら染色の正確なメカニズムは知られていないが，バイオフィルム中の有機ポリマーの特に負に分極した部分を染めることができる[44]。このため広くEPS構成物質を染め，複雑なバイオフィルムの染色剤として有効である。非常に簡単で，また比較的正確なバイオフィルム染色剤として著者らは注目しているところである。通常これまでのバイオフィルムの

第2章 バイオフィルム形成が及ぼす問題点と制御・防止対策

存在量を示す実用的な方法に有効な方法が少なく，その意味からもクリスタルバイオレットによる染色法は魅力的な工業的評価法と言える。

図14にその一般的なフローチャートを示す。クリスタルバイオレットには著者らは通常，0.1%濃度のものを用いている。これに試料を浸漬し，30分程度放置する。その後，試料をクリスタルバイオレット中から取り出し，数回水洗する。その後いくつかの評価の可能性があり，現在どれが最適の方法であるのかを検討中である。その一端を紹介すると，

① 色素を適切な溶剤で抽出し，その色素を分光光度計あるいはマイクロプレートリーダーを用いて590 nm前後で吸収を測定する。吸収の程度がそのままバイオフィルムの形成能として評価される。

② 図15に示すように，紫色に染まった固体試料をスコッチテープを付着させ，染

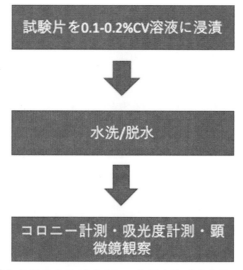

図14 一般的なクリスタルバイオレットによるバイオフィルム染色過程

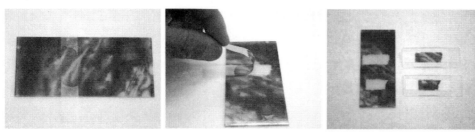

図15 クリスタルバイオレットによる染色とテープ剥離を組み合わせた評価法

まった部分のバイオフィルムをテープ上に反転させる。その後，反転させたバイオフィルムを例えばスライドガラス上に貼り付け，その色を Lab 空間などで評価する。

③　紫色に染まった固体試料上のバイオフィルムを適当な界面活性剤などを用いて抽出し，その抽出液の染まり具合を，プレートリーダー，分光光度計，あるいは色の評価により解析を行う。

④　紫色に染まった材料表面を接写し，その写真を基に画像解析により染色の程度を分析評価する。

などである。定量化に最も適した方法は，ケースバイケースであるかもしれない。さらなる検討が望まれ，また待たれている。


## 7.5　バイオフィルムの対策の現状

バイオフィルム対策は，その現象が複雑である分だけ，それに対応して，様々な角度から検討されている。それらの対策法は，その一つ一つが，確かに有効である時もあり，また有効とならない場合もある，という複雑な結果を示しており，これがそのままバイオフィルムの複雑な形成-成長過程そのものに対応しており，対策を難しくしている原因と言える。以下に現状で考えられている有効と思われる対策法のいくつかを示す。

### 7.5.1　機械的方法

この方法は機械的に形成されたバイオフィルムを剥がすものであり，バイオフィルムを除去するという観点から考えると，最良の方法と言える。一番わかりやすい例は，歯ブラシを使った歯磨きである。我々の歯の上に形成される歯垢，歯石は本質的にバイオフィルムである。歯がヌメヌメしてくるのは，口内細菌の作用であり，これが成長していくと，固い歯石に成長すると考えることができる。その成長過程は細菌が異なっても，また環境が異なっても全く同じように考えることができる。これを除去するのが歯ブラシであり，これが最も有効であることは，他の普遍的な方法がなされていない現状を見ると明らかである。ところが，実際バイオフィルムが形成されている系では，これが難しいことが多い。そのため別の様々な手法が提案されているが，直接バイオフィルムを除去することができるような系においては，機械的除去法は今でも比較的有効な方法であり，大型のドリルから小さなブラシに至るまで，様々な方法が考案されている[45]。

### 7.5.2　薬剤による除去

この手法は特に液体を輸送する配管内の器壁に形成されるバイオフィルムとその後成長して形成されるスケールの除去などにおいて特に必要な方法として，重用されてい

第2章　バイオフィルム形成が及ぼす問題点と制御・防止対策

る。このような液体系では，実操業において前述の機械的剥離法を用いると，操業を停止しないといけないためにオーバーホールを必要とし，またそれが経済的にデメリットとなる可能性を有している。一方，薬剤の場合，液体を配管内に連続的に循環させることにより，バイオフィルム形成を抑制することができるため，このような経済的なデメリットを解消することができる。それ以外にもちろん多くの系において，薬剤によるバイオフィルム除去は有効である。

　一般的に考えられている薬剤としては，酸化性殺菌剤と非酸化性殺菌剤に大きく大別される。酸化性殺菌剤は，次亜塩素酸，塩素，オゾン，二酸化塩素，過酸化水素水，ヨウ素などが考えられる。これらはいずれも細菌を殺すことができるため，材料表面における細菌の増殖を抑制し，その結果バイオフィルムの形成を抑制することができる。さらに加えて，塩素系の殺菌剤は，多糖によって骨格が形成されているバイオフィルムとさらに周囲から取り込んだ付着物とも反応し破壊するため，形成されているバイオフィルムも破壊することが期待できる。細菌の増殖を抑えるだけでなく，バイオフィルムを破壊する効果も期待できる。一方，二酸化塩素のような腐食性の強い薬剤になると，素地を剥離するために，バイオフィルムと素地を合わせて剥離して，清浄化する効果があるが，腐食の問題が残り，設計されるバイオフィルム制御薬剤としては，バイオフィルム制御剤に加えて，界面活性剤と防錆剤の複雑な系となることが多い。一方非酸化性殺菌剤としては，第四級アンモニウム塩，ホルムアルデヒドなどが考えられる。第四級アンモニウム塩は殺菌作用を持ち，これに界面活性剤を加えることによって，殺菌効果に加えて，さらに洗浄効果を持たせることができる。界面活性剤自体も，殺菌性があると言われている。そのメカニズムの詳細はまだ不明であるが，細胞膜の酵素機能などを不活化することによるものと推定されている。第四級アンモニウム塩としては塩化ベンザルコニウムなどが挙げられ，界面活性剤としては，ドデシル硫酸ナトリウムなどが挙げられる。

　これらの薬剤によるバイオフィルム抑制は大きな一つの分野であり，水処理などでは欠かせない方法である。しかし環境問題など，今後考えていかなければならない問題も同時に含んでいる。

### 7.5.3　材料側からのアプローチその他

　バイオフィルムは材料と細菌環境との組み合わせによって形成されるものであるため，環境側からの前項のアプローチに加えて，基材としての材料側からのアプローチが当然考えられるべきである。

　材料側から見たとき，バイオフィルム抑制能を持つ材料表面は，"細菌の増殖を抑制

## バイオフィルム制御に向けた構造と形成過程

することのできる表面構造あるいは組成を持つ材料表面" として定義できる。材料組成については，当初，バイオフィルムの形成には材料の凹凸などの幾何学的形状が関係するが，組成には関係しない，と言われた時期があった。しかしその後検討が進むにつれて，組成との関係が様々な観点から検討されている。

　特に代表的なのが，抗菌性金属材料との関係である。抗菌性とは，細菌の増殖や発育を抑制する性質のことで，具体的には，完全に殺菌できなくても，$10^2$ 個程度は細菌数の減少が認められる場合をいう。その点では，完全に細菌数をゼロにする殺菌と比べると，比較的マイルドな細菌の抑制プロセスと考えられる。細菌の抗菌作用は，作用を及ぼす材料側から分類すると三種類に分類される[46]。一つは有機材料であり，これは細菌の形質膜を損傷することによって抗菌作用を示す。一方本稿で問題にしている無機物の場合，二つに大別される。一つは金属材料であり，この場合，金属がイオン化することによって，そのイオンが，細菌表面に存在するタンパク質と反応して，酵素などを不活化することが挙げられる。実際，例えば抗菌作用に効果的とされている銀イオンは，微量でS，N，O などを持つ電子密度の高い官能基と反応して，溶解度の小さい塩や錯体を形成することによって酵素活性が不活化することが考えられる。もう一つは酸化チタンなどの光触媒である。太陽光などがこれらの物質に照射されると，伝導体に電子が励起され，価電子帯に正孔が形成され，電子は吸着この場合は，光が当たることにより，活性酸素が形成され，これが細菌を殺したり，また有機物の分解に寄与するものと考えられる。

　さて，そのうちの金属元素であるが，これは抗菌性金属として以前からそのいくつかが検討されてきている。抗菌性があるとされている金属元素の代表的なものは[47]，既に述べた銀，銅が代表的なものであるが，ニッケル，亜鉛，コバルトなども強い抗菌作用を示す。鉛や六価クロムなどの強い毒性を生体に対して示すものは，細菌に対しても，殺菌作用を示すことが多いが，人間環境での材料の使用を考えた時，微量で細菌に対して効果があり，一方生体に対して毒性の小さいものが望まれる。この観点から抗菌作用を考えた時，その種類は限定され，また工業用材料として用いられる時，いくつかの工夫が必要となる。

　抗菌性金属を M とした場合，一般に $M \rightarrow M^{n+} + ne^-$ という反応が起こり，その $M^{n+}$ イオンが細菌表面のたんぱく質と反応する。しかし材料自体は別の目的のために設計されており（例えば機械的性質や電磁気的性質，熱的性質など），そのための設計が優先で，それに付与する形で抗菌性が材料の性質として検討される。そのため，コーティングが最も効果的に付加価値として材料表面に持たされることが多い。

第 2 章　バイオフィルム形成が及ぼす問題点と制御・防止対策

　例えばその場合，$M^{n+}$ が材料表面全面に抗菌性皮膜あるいはコーティング材として存在すると，上記のイオンへの解離反応はそのまま腐食反応と捉えることができるため，三つの問題点が生じる。

　一つは，腐食反応による材料の表面劣化である。表面の性状を保つことができないために，材料寿命の減少にも繋がる可能性がある。また外観や機械的性質などの劣化として捉えられることにもなるであろう。

　第二点は，解離反応により環境を汚染することである。解離するイオンの量が増えると，細菌の増殖抑制が起こると同時に，量的な増加が生体への悪影響を及ぼす可能性がある。一般に金属イオンのいくつかはしばしば生体にとって必要である。その場合，一定の量以上に存在するようになると害を及ぼすことが多い。したがって，この図に示すように，ある一定の範囲内で存在する必要性が生じる。全体的にある金属イオンで覆われた無機材料を考えると，その量的な最適値を示すような表面設計が必要となる。

　第三点は，あまりにも金属イオンの溶解量が高く，環境因子との反応が直接的であると，環境因子と反応して化合物を作る場合が考えられる。例えば例として，銅メッキなどが鉄鋼材料上にコーティングされている場合を考える。銅の溶解が直接的に，また活発に起こることによって（$Cu \rightarrow Cu^{2+} + 2e^{-}$），環境中の因子（溶存酸素など）と反応が起こり，塩基性炭酸塩や水酸化物，酸化物が形成されて，これらがバリアーとなり，上記の銅がイオンとなる反応が抑制される。そのため，抗菌性が失われて，細菌の増殖が抑えられ，バイオフィルムの成長が促進される。

　こうした状況から，一つのバイオフィルム抑制材料の方針が浮かび上がる。すなわち，

① 　材料表面に細菌の増殖を抑える抗菌性の無機物を配置する材料設計が望ましい。これには各種コーティング法が適用できる。

② 　抗菌性無機物は少量ずつ溶解して長時間継続してイオン化するような工夫が望ましい。

このコンセプトに従って様々な工夫がなされている。本稿では，著者が共同研究者と行った二つの方法をご紹介する。

　一つは，金属間化合物をコーティングする技術である。金属は連続的に溶解しやすい。しかし，金属間化合物になると，溶解量は抑えられ，継続するのではないかという考え方が根底にある。例えば銀を抗菌性金属イオンとして溶解させる場合を考えると，抗菌性金属の銀と全く抗菌性を示さない金属であるすずとの金属間化合物の表面皮膜形成が具体例として挙げることができる。図 16 に示すのは，著者らのオリジナルな表面

*183*

# バイオフィルム制御に向けた構造と形成過程

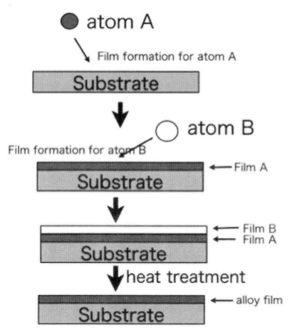

図16　多層膜を加熱することにより形成される金属間化合物皮膜

処理技術[48〜54]で，上記の場合だと，すずと銀を層状に例えば鉄鋼材料上に形成させる。そして低融点側のすずの融点付近で熱処理すると，低融点側での金属原子の融点付近での格子振動が大きくなり，また融解した場合は，なおさらであるが，相互拡散の速度が飛躍的に向上する。その結果，金属間化合物の形成が促進され，皮膜として形成される。その結果抗菌性が持続的に保障されて，バイオフィルムの抑制が可能となる[55]。

もう一つは，図17に示すように，基材としてシリコーン樹脂を選び，これに抗菌性の金属元素のナノ粒子，あるいは，有機化合物（毒性のないもの）を分散させたコーティング技術である。シリコーン樹脂は，自由体積と呼ばれる，分子レベルでの隙間が非常に大きい。そのために，分散したナノ粒子あるいは有機化合物から遊離する抗菌性金属イオンが皮膜中を移動し，材料表面から遊離し，抗菌性を発現して，細菌の増殖を抑える。このような手法で，長期にわたって，継続的に抗菌性金属イオンが材料表面に形成され，そして長期間にわたって，バイオフィルムの形成をコントロールすることができるのである[35,37,56〜71]。

以上，抗菌無機材料が材料表面に少量ずつ溶解するような形のコーティング技術を例にとって，材料工学的な観点からの対策例を紹介した。これはほんの一例である。なぜなら，すでに述べたように，バイオフィルム形成はマルチステップであり，上記の対策

第2章　バイオフィルム形成が及ぼす問題点と制御・防止対策

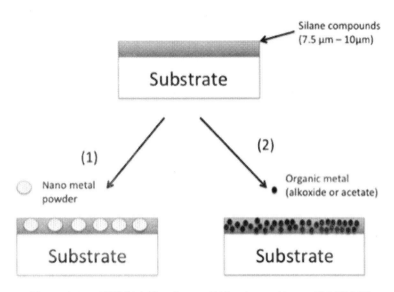

図17　シラン系樹脂を用いたコンポジットコーティングの概念図

例は，その一部，無機材料上に細菌が付着し，増殖を始めるその前後のプロセスに注目したに過ぎない。例えば，これ以外に，シリコーン樹脂コーティングなどは，もっと後段のプロセスにおいて，バイオフィルムが比較的大きく成長した段階で，全体的に剥がれ落ちる傾向を持ち，それも一つの対策として考えられる。その場合は，バイオフィルムと基材の密着性に着目した対策，問題解決として捉えることができる。このように，多角的に，また複合的にバイオフィルムの制御を考えていく必要があり，多くの違った観点からの取り組みが今後期待されている。

## 7.6　終わりに

　以上無機物表面に限ってのバイオフィルムの評価と対策法をかいつまんで概観した。バイオフィルムは広範囲にわたる産業上の問題と密接に関係している。そしてその対策を有効に立てることによって，大きな経済効果が見込まれる。まずはその評価法を確立して，その後に適切な対策を立てることが求められている。バイオフィルムは非常に複雑に構成された多段階プロセスにより形成される。その問題解決はハードルが高いかもしれないが，その対価は大変大きいものと期待できる。果敢なチャレンジ精神を持って取り組む企業，技術者，研究者が今後一層増えることを，また本稿がその一助となることを願っている。

バイオフィルム制御に向けた構造と形成過程

**謝辞**

本稿の執筆にあたり，有益なる情報提供をいただきました抗菌製品技術協議会（SIAA）バイオフィルム標準化委員会に心から御礼申し上げます。また同様に三菱電機先端技術総合研究所並びに日本食品分析センターに厚く御礼申し上げます。

# 文　　献

1)　Faquin, W. C., J. D. Oliver, *Journal of General Microbiology*, **130**, 1331-1335（1984）

2)　Kjelleberg, S., B. A. Humphrey, Marshall K. C., *Appled and Environmental Microbiology*, **43**, 1166-1172（1982）

3)　Oliver, J. D., Nilsson, L., Kjelleberg, S., *Applied Environmental Microbiology*, **57**, 2640-2644（1991）

4)　Lewandowski, Z., Beyenal, H., Fundamentals of Biofilm Research. Second Edition ed., CRC Press, Boca Raton, London, New York（2014）

5)　Kondo, J., *Angewandte Chemie International Edition*, **51**(2), 465-468（2012）

6)　兼松秀行，生貝初，黒田大介，平井信充，バイオフィルムとその工業利用，米田出版（2015）

7)　Costerton, J. W., Stewart, P. S., Greenberg E. P., *American Association for the Advancement of Science*, **284**(5418), 1318-1322（1999）

8)　Zobell, C. E., *Journal of Bacteriology*, **46**, 39-56（1943）

9)　Willkinson, J. F., *Bacteriological Review*, **22**, 46-73（1958）

10)　Marshall, K. C., "Interface in Microbial Ecology" Harvard University Press, MA., Boston MA, USA（1976）

11)　Costerton, J. W., G. G. Geesey, K.-J. Chen, *Scientific American*, **238**, 86-95（1978）

12)　Costerton, J. W., K.-J. Cheng, G. G. Geesey, T. I. Ladd, J. C. Nickel, M. Dasgupta, T. J. Jarrie, *Annual Review of Microbiology*, **41**, 435-464（1987）

13)　堀克敏，石川聖人，環境バイオテクノロジー学会誌，**10**(1)，3-7（2010）

14)　McClean, K. H., Winson, M. K., Fish, L., Taylor, A., Chhabra, S. R., Camara, M., Stewart, G. S., *Microbiology*, **143**(12), 3703-3711（1997）

15)　Dong, Y. H., Wang, L. H., Xu, J. L., Zhang, H. B., Zhang, X. F., Zhang, L. H., *Nature*, **411** (6839), 813-817（2001）

16)　Galloway, W. R., Hodgkinson, J. T., Bowden, S. D., Welch, M., Spring, D. R., *Chemical reviews*, **111**(1), 28-67 (2010)

17) Miller, M. B., Bassier, B. L., *Annual Review in Microbiology*, **55**(1), 165-199 (2001)

18) Walters, C. M., Bassler, B. L., *Annual Review of Cell and Developmental Biology*, **21**, 319-346 (2005)

19) Kanematsu, H., Barry, D. M., Ikegai, H., Yoshitake, M., Mizunoe, Y., *Medical Research Archive*, **5**(8), 1-17 (2017)

20) Nelson, D. L., Cox, M. M., "Principles of Biochemistry (Lehninger)", W. H. Freeman and Company, New York, USA (2005)

21) Kuhr, C. V. W., *Water*, **18**, 147-165 (1934)

22) Booth, G. H., Tiller, A. K., *Corrosion Science*, **8**(8), 583-600 (1968)

23) 間世田英明, 生貝初, 黒田大介, 小川亜希子, 兼松秀行, CAMP-ISIJ, **23**, 668-669 (2010)

24) De Beer, D., Stoodley, P., Roe, F., Lewandowski, Z., *Biotechnology and bioengineering*, **43**(11), 1131-1138 (1994)

25) 生貝初, 小林正和, 飯村兼一, 細川明秀, 上杉健太朗, 黒田大介, 兼松秀行, 戸田裕之, *Bacterial Adherence & Biofilm*, **28**, 67-70 (2014)

26) 生貝初, 黒田大介, 兼松秀行, 日本細菌学雑誌, **69**(1), 154 (2014)

27) Lebeaux, D., Chauhan, A., Rendueles, O., Beloin, C., *Pathogens*, **2**(2), 288-356 (2013)

28) 辻明良, *Kao Hygine Solution*, **6**, 11-13 (2006)

29) Gilbert, P., Collier, P. J., Brown, M. R., *Antimicrobial Agents and Chemotherapy*, **34** (10), 1865-1868 (1990)

30) Cerca, F., França, Â., Pérez-Cabezas, B., *Journal of medical microbiology*, **63**(10), 1274-1283 (2014)

31) Lewis, K., *Nature Reviews Microbiology*, **5**(1), 48-56 (2007)

32) Livermore, D. M., *Antimicrobial agents and chemotherapy*, **36** (9), 2046-2048 (1992)

33) Vu, H., Nikaido, H., *Antimicrobial agents and chemotherapy*, **27**(3), 393-398 (1985)

34) Ram, R. J., VerBerkmoes, N. C., Thelen, M. P., Tyson, G. W., Baker, B. J., Blake, R. C., Banfield, J. F., *Science*, **308**(5730), 1915-1920 (2005)

35) Ogawa, A., Kanematsu, H., Sano, K., Sakai, Y., Ishida, K., Beach, I. B., Suzuki, O., Tanaka, T., *Materials*, **9**, 632-651 (2016)

36) Sano, K., Kanematsu, H., Kogo, T., Hirai, N., Tanaka, T., *Transactions of the IMF*, **94** (3), 139-145 (2016)

37) Kanematsu, H., Kogo, T., Sano, K., Noda, M., Wada, N., Yoshitake, M., *Journal of Materials Science & Surface Engineering*, **1**(2), 58-63 (2014)

38) 佐野勝彦，抗バイオファウリングコンポジットコーティング膜の構造と機能性に関する研究（2017）

39) 金崎舜，百済彦成，兼松秀行，小川亜希子，黒田大介，大腸菌を用いたチタン合金の BF 形成挙動について，日本熱処理技術協会第 7 回中部支部講演会，pp 13-14，日本熱処理技術協会中部支部（2017）

40) Yadav, L. D. S., "Organic Spectroscopy", Soringer-Science+Business Media, B. V., Dordrecht, Germany（2005）

41) Larkin, P., "Infrared and Raman Spectroscopy", Elsevier, San Diego, USA（2011）

42) encyclopedia, W.-t. f. Cyrstal violet. https://en.wikipedia.org/wiki/Crystal_violet.

43) Lee, G., Bishop, P., "Microbiology and infection control for health professionals, the fifth edition", Pearson, Australia（2013）

44) Pantanella, F., Valenti, P., Valenti, P., Natalizi, T., Passeri, D., *Annali di igiene : medicina preventiva e di comunita*, **25**(1), 31-42（2013）

45) Kanematsu, H., Barry, D. M., "Biofilm and Materials Science", pp 163-167, Springer International Publishing, New York, USA（2015）

46) 福崎智司，安心・安全・信頼のための抗菌材料，兼松秀行，pp 17-39，米田出版（2010）

47) 兼松秀行，生貝初，吉武道子，ふぇらむ，**13**(No. 1)，27-34（2007）

48) Kanematsu, H., Kobayashi, T., Oki, T., "The Second Asian Conference on Heat Treatment of Materials", pp 241-246（2001）

49) Kanematsu, H., "Environmental Friendly Alloy Film Formation Process by Heating Multi-Layered Surface Films", pp 60-64（2002）

50) Kanematsu, H., Kobayashi, T., Wada, N., Oki, T., *Materia*, **41**(10), 713-719（2002）

51) Kanematsu, H., Kobayashi, T., Wada, N., Oki, T., AESF Sur/Fin 2002, Annual International Technical Conference, 685-694（2002）

52) Kobayashi, T., Kanematsu, H., Wada, N., Oki, T., *Transactions of the Institute of Metal Finishing*, **81**(1), 32-26（2003）

53) Mitsumura, A., Kanematsu, H., Kobayashi, T., *The Journal of the Japan Association for College of Technology*, **12**(2), 33-38（2007）

54) Kanematsu, H., *Products Finishing*, **78**(3), 1-14（2013）

55) Kanematsu, H., Ikegai, H., Yoshitake, M., *Research Inventy : International Journal of Engineering and Science*, **3**(6), 47-55（2013）

56) Ogawa, A., Noda, M., Wada, N., Kanematsu, H., Sano, K., CAMP-ISIJ, **27**, 599-601（2014）

57) Sano, K., Kanematsu, H., Hirai, N., Ogawa, a., Kougo, T., Tanaka, T., CAMP-ISIJ, **27**,

第 2 章　バイオフィルム形成が及ぼす問題点と制御・防止対策

597-598 (2014)

58) Kanematsu, H., Sasaki, S., Miura, Y., Kogo, T., Sano, K., Wada, N., Yoshitake, M., Tanaka, T., *Materials Technology*, **30**(B1), 21-26 (2015)

59) Kato, C., Hirai, N., Sano, K., Kanematsu, H., Ogawa, A., Kogo, T., Ikegai, H., Tanaka, T., CAMP-ISIJ, **28**, 497-498 (2015)

60) Kogo, T., Kanematsu, H., Sano, K., Kitayabu, K., Wada, N., Miura, Y., Yoshitake, M., Ikegai, H., Asia Steel International Conference 2015 (Asia Steel 2015), Yokohama, Japan, pp 156-157 (2015)

61) Kogo, T., Komada, Y., Kanematsu, H., Hirai, N., Ikegai, H., Sano, K., CAMP-ISIJ, **28**, 503-504 (2015)

62) Kogo, T., Nakago, Y., Sano, K., Kanematsu, H., Ogawa, A., Yamazaki, K., Ikegai, H., Tanaka, T., CAMP-ISIJ, **28**, 501-502 (2015)

63) Ogawa, A., Kanematsu, H., Sano, K., Sakai, Y., Suzuki, O., Ishida, K., Tanaka, T., CAMP-ISIJ, **28**, 495-496 (2015)

64) Ogawa, A., Noda, M., Kanematsu, H., Sano, K., *Materials Technology*, **30**(B1), 61-65 (2015)

65) Sano, K., Kanematsu, H., Hirai, N., Ikegai, H., Ogawa, A., Kogo, T., Tanaka, T., Asia Steel Iternational Confernce 2015, Yokohama, Japan, pp 154-155 (2015)

66) Sano, K., Kanematsu, H., Hirai, N., Ogawa, A., Kogo, K., Kitayabu, K., Tanaka, T., CAMP-ISIJ, **28**, 493-494 (2015)

67) Kanematsu, H., Sano, K., Kougo, T., Ogawa, A., Hirai, N., *IEICE Technical Report* (*OME2016-54-OME2016-58*) *Organic Molecular Electronics*, **116**(384), 11-15 (2016)

68) Sano, K., Kanematsu, H., Hirai, N., Tanaka, T., *Hyoumen Gijutsu* (*Journal of Surface Finishing Society of Japan*), **67**(5), 268-273 (2016)

69) Sano, K., Kanematsu, H., Kogo, T., Hirai, N., Tanaka, T., *Transaction of the Institute of Materials Finishing*, **94**(3), 139-145 (2016)

70) Ogawa, A., Kiyohara, T., Kobayashi, Y.-h., Sano, K., Kanematsu, H., *Biomedical Research and Clinical Practice*, **2**(2), 1-7 (2017)

71) Sano, K., Kanematsu, H., Hirai, N., Ogawa, A., Kogo, T., Tanaka, T., *Surface & Coatings Technology*, 1-7 (2017)

# 第3章　バイオフィルムの有効利用

## 1　バイオフィルムを用いた有用物質生産

### 1.1　はじめに

河原井武人*

　微生物を用いた研究は従来，調製が容易であり高密度で菌体が得られることから，液相中にて微生物を生育させる液体培養法が用いられてきた。ところが，本来生息する環境における微生物は，その殆どが界面にバイオフィルム状態で存在していることが明らかになってきた[1,2]。このバイオフィルムは，その構造的特徴から物理的・化学的処理に対して高い耐性を示すため，医療分野における感染源として，また食品産業をはじめとする様々な産業分野で汚染源として認識され，その形成機構や制御に関する詳細な研究が行われてきた[3]。それらの精力的な研究により，液相中に存在する微生物とバイオフィルム中の微生物とは生理学的に全く異なる状態であることが明らかになっている。

　先に述べたような研究経緯から，バイオフィルムは一般的にネガティブな印象を持たれているが，その一方で有効活用もされてきた。有効利用の観点からバイオフィルムを考えると，固-液界面，液-液界面，固-気界面，気-液界面に形成されるものが目的に応じて活用されている（図1）。本セクションにおいては，バイオフィルムの有効活用の中でも，バイオフィルムを用いた有用物質生産に関するこれまでの研究および産業応用例について紹介する。

### 1.2　発酵食品

　発酵食品は微生物によって作り出される有用物質である。様々な微生物により多様な発酵食品が作られているが，微生物の発酵・代謝によって発酵食品中に様々な機能性成分が生成されていることが明らかになっている[4]。その中でも，我が国における伝統的な発酵食品は微生物バイオフィルムを積極的に活用してきた。食酢は，酢酸菌がエタノールを酸化して酢酸を生成することにより作られる。酢酸菌はグラム陰性好気性細菌であり，米酢製造には *Acetobacter aceti*，*Acetobacter pastrianus* などが利用されている。これらの酢酸菌が酢酸発酵をする際に，発酵液表面に菌膜を形成する。特に，*A.*

---

　**＊**　Taketo Kawarai　日本大学　生物資源科学部　食品生命学科　専任講師

## バイオフィルム制御に向けた構造と形成過程

図1 バイオフィルムの存在状態とその活用例

*pastrianus* はチリメン菌と呼ばれており，絹布のチリメンのような美しい光沢と特有の皺を持った菌膜を形成する[5]。この菌膜はまさに気-液界面に形成されるバイオフィルムの一種と考えられ，その形成は酢酸菌の好気的代謝である酢酸発酵の良好な進行に重要な役割を果たしている。一方で，日本酒，醤油，味噌においてもバイオフィルムを活用してきたと考えられる。これらの発酵食品は，米や麦，大豆などの穀物を原料とし，それらを蒸煮後，麹にした状態で水に混ぜて仕込む。麹とは，蒸煮した原料表面全体に黄麹菌 *Aspergillus oryzae* に代表されるカビを発育させたスターターであり，本菌の生成する大量の酵素群により発酵が開始される。すなわち，この麹は蒸した穀物を基質とする麹菌の固体培養によって作られていることから，固-気界面に形成されるバイオフィルムの一種と考えることができる。この麹においては *A. oryzae* の酵素生成量が重要となってくるが，発酵の進行に重要であるグルコアミラーゼ遺伝子の発現は，液体培養時では殆ど無く，固体培養時において強力に発現することが明らかになっている[6]。一方，仕込み後の発酵は「醪」状であり，高粘度で物質拡散速度が不均一な系で進行する。このような系においては，発酵微生物が原料表面に高密度で存在することで効率的かつ安定的な発酵を進行することができると考えられる。また，伝統的な発酵食品製造では発酵容器を繰り返し使用することが多く，発酵微生物が発酵容器表面に付着することも発酵の安定化に寄与するものと推察される。以上のように，発酵食品製造において

第3章 バイオフィルムの有効利用

発酵微生物のバイオフィルム形成が重要な役割を担っている可能性が考えられるが，実際の製造環境における実態は未だ解明されていない。上記のような背景の下，発酵食品におけるバイオフィルムの役割を解明することを目的に行われた研究を以下に詳述する。

　日本酒の発酵工程における主要微生物叢は，硝酸還元菌→乳酸球菌→乳酸桿菌→清酒酵母の順に変遷する。発酵中期に優先化する乳酸菌は，その乳酸発酵により雑菌を駆逐するという重要な役割を担っているが，ある特定の乳酸菌種が優先化することが明らかになっている[5]。この特定乳酸菌への変遷の機構を解明するために，清酒酵母 *Saccharomyces cerevisiae* と実験室乳酸菌の複合バイオフィルム形成を調査した結果，各微生物種は単独ではバイオフィルムを殆ど形成しないが，ある特定の組み合わせにおいて複合バイオフィルムを形成することが明らかになり，そしてそのメカニズムは，乳酸菌の分泌物による酵母バイオフィルム形成の促進によるものであった（図2(a)）[7]。異なるドメイン（酵母-細菌）間での複合バイオフィルム形成を明らかにしたのは本報告が初めてである。また，実際の発酵食品の発酵工程から分離した乳酸菌と酵母によっ

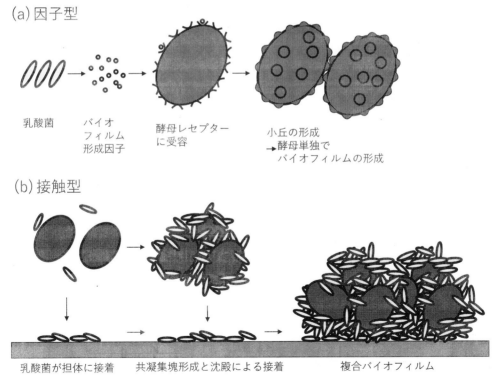

図2　乳酸菌と酵母の複合バイオフィルム形成モデル図

バイオフィルム制御に向けた構造と形成過程

ても複合バイオフィルムが形成されることも示されている。鹿児島県福山町で伝統的に作られている福山壺酢から分離された乳酸菌 *Lactobacillus plantarum* ML11-11 は出芽酵母 *S. cerevisiae* との非常に強い共凝集性を持ち，接触依存的に顕著な複合バイオフィルムを形成する（図2(b)）[8]。さらには，乳酸菌と酵母により形成された複合バイオフィルムを一種の固定化菌体として，物質生産に応用することを目指した検討が行われ，福山酢分離乳酸菌 *L. plantarum* ML11-11 やサバ鮨分離乳酸菌 *L. plantarum* HM23 と実験室酵母 *S. cerevisiae* BY4741 を用いた検討で，酵母を乳酸菌との複合バイオフィルムに組み込むことで，固定化菌体として繰り返し使用できることが示された[3,9,10]。これらの知見は，異種微生物間での複合バイオフィルム形成が発酵食品の発酵過程における特定の微生物の変遷に関与する可能性とともに，複合バイオフィルムの積極的な活用がより簡便で効率的な物質生産に寄与できることを示している。

## 1.3　バイオフィルムリアクター

　有用物質を生産したり汚水を浄化処理したりするためにバイオリアクターが用いられており，医薬品，食品や酒類などの生産工程において中心的な役割を果たしている。このバイオリアクターとは，酵素などの生体触媒を不溶性の担体に固定化し，そこに反応溶液を流して産物を単離するための装置である。化学触媒を用いたケミカルリアクターでは高温・高圧により反応効率を上げていたが，バイオリアクターでは高温・高圧を必要とせず，容器内の温度，pH，圧力，基質濃度，酸素濃度，撹拌速度などを制御し，反応条件を一定に保つことで効率よく産物を得ることができる。また，繰り返し利用できるというメリットがあるため，コストダウンや省力化につながる。一方で，生体触媒の固定化は，固定化用担体・固定化用試薬の選定や固定化法が煩雑である点，固定化生体触媒の連続使用時の安定性の点，固定化処理工程におけるコストの点でのデメリットがある[11]。以上のことから，微生物の固定化法において，自発的微生物集合体であるバイオフィルムを利用したバイオフィルムリアクターが開発され，上記のようなデメリットが解消されつつある[12]。

　バイオフィルムリアクターにおいては，微生物は何らかの担体表面上に高密度の層状に固着しているが，反応槽中での付着微生物が固定されているか否かにより固定床型と移動床型とに分類される[13]。固定床型反応器においては，バイオフィルムが一定の固体上で形成されているのに対して，移動床型反応器においては，通気，流水や撹拌によって反応中にバイオフィルムが移動している。その中でもいくつかの異なる構造の装置が開発されており，主要なものとして，半回分式リアクター（sequencing batch reactor；

*194*

## 第3章 バイオフィルムの有効利用

SBR), 連続撹拌槽リアクター (continuous stirred tank reactor；CSTR), 接触回転板処理装置 (rotating biological contactor；RBC), 充填床リアクター (packed-bed reactor；PBR), 流動床リアクター (fluidized-bed reactor；FBR), 潅液充填式リアクター (trickling bed reactor；TBR), エアリフトリアクター (airlift reactor；ALR), 上向流嫌気性汚泥床リアクター (up-flow anaerobic sludge blanket；UASB) がある。これらの反応器の模式図を図3に示した。以下に各々の装置の概要と応用例を記す。

　SBRリアクターは，キャリアー担体上に高密度に形成されたバイオフィルムを連続回分式に使用する固定床型反応器である。本装置は，排水からの栄養素の分離や嫌気性アンモニア酸化 (anammox) 工程に応用化されている[14,15]。

　CTSRリアクターは，栄養源や基質を処理槽内へ流入させ，バイオフィルム触媒中を通過させた後，目的産物，微生物代謝産物および微生物細胞が含まれる，流入量と同量の流出物を回収するタイプの固定床型反応器である。本装置では，処理槽内の溶液を均質化するために回転翼などを用いて撹拌するが，通常用いられる球状の担体では障害を受けるため，繊維状の担体上に形成されたバイオフィルムが触媒として用いられる[12]。本装置を用いて，ブタノール[16]，乳酸[17]や水素[18]の製造や排水処理[19]が行われている。

　RBCリアクターは，回転翼や回転円板上に形成されたバイオフィルムを触媒として

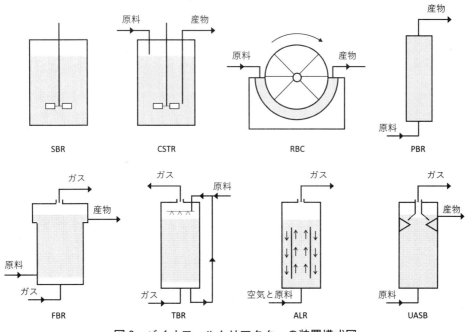

図3　バイオフィルムリアクターの装置模式図

用いる固定床型反応器である。主に排水処理に用いられている[20]。

PBR リアクターは，固定化酵素や固定化微生物を用いたバイオリアクターとして最も一般的な形式であり，通常下方から栄養源や基質を流入し上方から目的産物を流出させる。処理槽内は，表面上にバイオフィルムを形成した担体と液体で満たされた状態になっている固定床型反応器である。本装置は，排水処理[21]や排ガス処理[22]に応用化されている。

FBR リアクターは，気体，液体あるいは気液の両者の流入により，バイオフィルムを形成した担体が流動状態に維持された移動床型反応器である。本装置は主に排水処理の分野に応用されており，フェノール化合物の分解[23,24]，窒素除去[25]，排水からの水素生産[26]が例として挙げられる。

TBR リアクターは，バイオフィルム触媒が充填された処理槽に気液の両者を供給するタイプの固定床型反応器であり，原料液を上方から流入して下方から目的産物を流出させる点が PBR とは異なる。本装置は，排水処理分野においては 100 年以上前から利用されていた[27]。一方で，本装置を用いた酢酸の大量生成にも成功している[12]。

ALR リアクターは，反応槽内の下部から空気やガスを送り込み，気泡の形でバイオフィルム触媒に酸素などを供給すると同時に反応槽内の液循環を促進するタイプの移動床型反応器である。反応槽内に円筒を，また下部に通気装置を設置することで，液循環を促進する方法がよく用いられる。本装置は，排水処理[28]や，乳酸生成[29]やγ-デカラクトン生成[30]に応用化されている。

UASB リアクターは，産業排水の嫌気的処理分野において最も実用化されている装置の一つである[31]。本装置におけるバイオフィルム触媒は，担体上に形成されるのではなく，嫌気性菌の自己凝集塊の状態で反応槽内に保持されている[32]。

## 1.4 発電微生物

19 世紀末からの世界的な人口増加に伴う産業・社会活動の増大が，現在，エネルギー問題や環境問題を引き起こしている。特に，主要エネルギー源である化石燃料の枯渇問題，温室効果ガス増大による地球温暖化問題には，世界的な対策が求められている。これらの問題は，物質的な豊かさを最優先に求めてきたこれまでの経済社会システムに起因している。すなわち，資源とエネルギーを無制限に利用可能であり，かつ環境負荷を低コストで処理できるという前提によるものである。このような背景の下，エネルギーの効率化や環境負荷を低減する新たな社会システムとして，循環型社会システムが提言されている。循環型社会とは，「製品等が廃棄物等となることが抑制され，並びに製品

第3章　バイオフィルムの有効利用

等が循環資源となった場合においてはこれについて適正に循環的な利用が行われること
が促進され，および循環的な利用が行われない循環資源については適正な処分が確保さ
れ，もって天然資源の消費を抑制し，環境への負荷が出来る限り低減される社会」と定
められている[33]。

　生態系の視点に立つと，元来物質は循環している。現在の人類の産業・社会活動がこ
の生態系の許容量を逸脱してしまったために，現在のエネルギー問題や環境問題が生じ
ていると考えられることから，生態系における分解者である微生物の能力を最大限活用
することが一つの手段として挙がる。そこで，基幹化製品原料およびエネルギー源とし
て適したバイオマス資源を生産・供給する技術の開発，エネルギーを効率的に利用する
バイオプロセスの開発，廃棄物などを原料とした微生物による有用物質およびエネル
ギーを生産するシステムの開発などが，経済産業省主導の下推進されてきた[34]。この中
の，微生物を利用したエネルギー生産システムの開発プロジェクトクトとして行われて
きた微生物燃料電池について紹介する。

　微生物燃料電池（microbial fuel cell；MFC）とは，微生物の代謝能力を利用して燃
料（主に有機物）を電気エネルギーに変換する装置である。このMFCの利点は，微生
物のもつ多様な物質を分解する能力を利用することで化学触媒では分解しえない多種多
様な化学物質から電気を作り出すことができる点である。MFCの概念自体は比較的古
くから知られており，20世紀中にも一部で研究は行われていたが，それほど大きな注
目は集めていなかった。その理由としては，上記のような20世紀の社会情勢では，化
石燃料の枯渇問題や地球温暖化問題に対する認識が低く，新エネルギーに対する期待が
大きくなかったことが一つの要因として考えられる。一方で，技術的な課題もあった。
得られた電気の出力が非常に低かったことや，微生物から電極に電子を渡すための電子
媒体となる化合物が必須であったことなどが挙げられる。しかし，1999年にKimらに
よって電子媒体を人工的に添加しなくても自ら比較的効率よく電子を陰極に伝達する能
力のある鉄還元細菌が発見されたこと[35]，さらには21世紀になってからの循環型社会
への転換政策と相まって，微生物燃料電池に大きな関心が寄せられるようになってき
た。

　MFCでは，微生物が有機物を酸化分解し，その過程で生じた電子が微生物細胞内か
ら電極（陰極）へと移動することによって電流が生じる（図4）。その際に用いられる
微生物が鉄還元菌である。鉄還元菌とは嫌気性菌を代表する細菌の一種であり，電子受
容体として鉄を利用できる。本菌を微生物燃料電池に応用する上で優れているのは，水
に溶けている鉄$Fe(III)$だけでなく，水に溶けていない状態で存在する酸化鉄（$Fe_2O_3$）

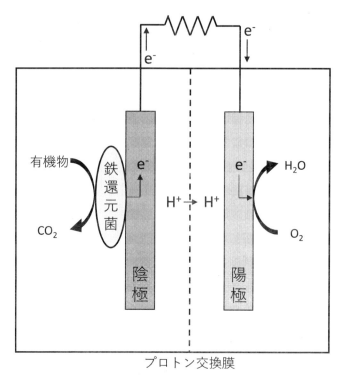

図4 微生物燃料電池の構造模式図（二層型）

へも電子を伝えることが出来るため，電極などの固形物に電子を直接受け渡すことが可能な点である．この細胞外の電子受容体への直接的な電子の受け渡しのメカニズムに関しては，*Shewanella oneidensis* や *Geobacter sulfurreducens* を用いて詳細な研究が行われてきた[36]．同時に，微生物燃料電池での発電においては，陰極表面への発電微生物のバイオフィルム形成が重要であるため，バイオフィルムから電極への細胞外電子伝達および，バイオフィルム内での細胞間の電子伝達メカニズムの研究が多くなされている．細胞外電子伝達に関しては，シトクロム $c$[37,38]，電気伝導性ナノワイヤー[39,40]，電子シャトル[41]が主な因子として同定されている．また，細胞間電子伝達に関しては，微生物燃料電池内で形成されるバイオフィルムにおいて，個体（異種微生物）間においても電子の授受が行われることが示されている[42]．さらには，エネルギー源的に競合の無い陰極バイオフィルム微生物群集が発電量を増加させることも明らかになっている[43]．これらの知見は，陰極表面に形成するバイオフィルム中の微生物群集を最適化することにより，MFCの発電量を増加させ得る可能性を示している．

　一方で，微生物燃料電池の発電効率を向上させるために，陰極の改良（素材の最適化

第3章　バイオフィルムの有効利用

や導電性化合物による修飾）に関する研究も行われている。これにより MFC の高性能化に成功した例は多数報告されており，例えばグラファイト電極の表面を導電性ポリマーやカーボンナノチューブなどのナノ構造によって修飾すると，MFC の出力が大幅に向上することが示されている[44,45]。また，発電微生物の電極に対する付着性も，MFC の電流生産量に影響を与える。*S. oneidensis* を用いた研究において，高い細胞表層疎水性を示す変異株が野生株よりも電極表面に強固なバイオフィルムを形成し，高い電流生産能力を示す傾向にあることが明らかとなっている[46~48]。以上のように，電極の改良だけでなく，微生物細胞表層構造や物理化学的性質を改変することによっても，MFC の発電量を増加できることを示している。

　現在のところ，MFC はまだ実用化されていない。しかしながら，燃料として排水・廃棄物[49]ばかりでなく，水田などの未利用有機物存在環境[50]を適用でき得ることから，本システムの実用化は，環境浄化コストとエネルギー産生コスト両者の低減をもたらすと考えられる。すなわち，現代社会の目指している循環型社会の確立に今後大きく貢献できる可能性がある。

# 文　　　献

1) J. Lerchner *et al.*, *J. Microbiol. Meth.*, **74**, 74（2008）

2) P. Stoodley *et al.*, *Annu. Rev. Microbiol.*, **56**, 187（2002）

3) 古川壮一ほか，発酵・醸造食品の最前線，p. 184，シーエムシー出版（2015）

4) 小泉武夫，発酵食品学，講談社（2015）

5) バイオインダストリー協会発酵と代謝研究会編，発酵ハンドブック，p. 599，共立出版（2002）

6) 秦洋二，石田博樹，日本生物工学会誌，**78**，120（2000）

7) T. Kawarai *et al.*, *Appl. Environ. Microbiol.*, **73**, 4673（2007）

8) S. Furukawa *et al.*, *Biosci. Biotechnol. Biochem.*, **74**, 2316（2010）

9) A. Abe *et al.*, *Appl. Biochem. Biotech.*, **171**, 72（2013）

10) 森永康，古川壮一，*Bio Industry*, **30**, 49（2013）

11) 土佐哲也，森孝夫，繊維学会誌，**42**，207（1986）

12) N. Qureshi *et al.*, *Microbial Cell Factories*, **4**, 24（2005）

13) C.P.L. Grady *et al.*, "Biological Wastewater treatment", CRC Press（2011）

14) A. Daverey *et al.*, *Biores. Technol.*, **190**, 480 (2015)

15) X.-M. Li *et al.*, *Chemospere*, **105**, 75, (2014)

16) W.C. Huang *et al.*, *Appl. Biochem. Biotechnol.*, **113**, 887 (2004)

17) A. Tay and S.T. Tang, *Biotechnol. Bioeng.*, **80**, 1 (2002)

18) S. Pawar *et al.*, *Biotechnol. Biofuels*, **8**, 19 (2015)

19) J.H. Shin *et al.*, *Desalination*, **221**, 526 (2008)

20) F. Hassard *et al.*, *Process Safety and Environmental Protection*, **94**, 242 (2015)

21) S. Xhen *et al.*, *Process Biochem.*, **42**, 1666 (2007)

22) T. Kanagawa *et al.*, *Water Sci. Technol.*, **50**, 283 (2004)

23) A. Gallego *et al.*, *Int. Biodeterioration Biodegradation*, **52**, 261 (2003)

24) I. Mita *et al.*, *J. Hazardous Mterials*, **291**, 129 (2015)

25) A. Harri and J. Bosander, *Water Sci. Technol.*, **50**, 97 (2004)

26) C. Barca *et al.*, *Bioresource Technol.*, **185**, 386 (2015)

27) N. Qureshi, "Biofilms in the Food and Beverage Industries", p. 474, CRC Press (2009)

28) C. Qiu, *World J. Microbiol. Biotechnol.*, **31**, 49 (2015)

29) T. Maneeboon *et al.*, *Appl. Biochem. Biotechnol.*, **161**, 137 (2011)

30) E. Escamilla-Garcia *et al.*, *Process Biochem.*, **49**, 1377 (2014)

31) M.A. Latif *et al.*, *Water Res.*, **45**, 4683 (2011)

32) G. Lettinga *et al.*, *Biotechnol. Bioeng.*, **22**, 699 (1980)

33) 文部科学省, 循環型社会形成推進基本法, 第二条

34) 経済産業省ホームページ

35) B-H. Kim *et al.*, *J. Microbiol. Biotechnol.*, **9**, 127 (1999)

36) 井上謙吾, 環境バイオテクノロジー学会誌, **11**, 33 (2011)

37) R.S. Harshorne *et al.*, *Proc. Natl. Acad. Sci. USA*, **106**, 22169 (2009)

38) K. Inoue *et al.*, *Environ. Microbiol. Rep.*, **3**, 211 (2011)

39) G. Reguera *et al.*, *Nature*, **435**, 1098 (2005)

40) Y.A. Gorby *et al.*, *Proc. Natl. Acad. Sci. USA*, **103**, 11358 (2006)

41) E. Marsili *et al.*, *Proc. Natl. Acad. Sci. USA*, **105**, 3968 (2008)

42) Z.M. Summers *et al.*, *Science*, **330**, 1413 (2010)

43) Z. Kimura and S. Okabe, *ISME J.*, **7**, 1472 (2013)

44) Y. Zhao *et al.*, *Chemistry*, **16**, 4982 (2010)

45) Y. Zhao *et al.*, *Phys. Chem. Chem. Phys.*, **13**, 15016 (2011)

46) A. Kouzuma *et al.*, *Appl. Environ. Microbiol.*, **76**, 4151 (2010)

47) N. Tajima *et al.*, *Biosci. Biotechnol. Biochem.*, **75**, 2229 (2011)

第 3 章　バイオフィルムの有効利用

48)　A. Kouzuma *et al.*, *BMC Microbiol.*, **14**, 190 (2014)

49)　Z. Du *et al.*, *Biochnol. Adv.*, **25**, 464 (2007)

50)　A. Kouzuma *et al.*, *Appl. Microbiol. Biotechnol.*, **98**, 9521 (2014)

## 2　バイオフィルムの有効利用に向けたバイオフィルム解析とその展望

野村暢彦*

### 2.1　はじめに

　微生物は地球上の至る所に存在しており，その生存環境は土壌・水圏環境から動物・植物内まで多様である[1]。そして，それらの微生物は，それぞれの環境でバイオフィルムの形態で存在している。我々の身の回りでも，医学分野（感染症・腸内フローラ）や食品分野（発酵・危害菌），金属腐食，水処理（活性汚泥・膜処理），バイオマスエネルギーなどの産業分野において正負の両面で，我々人間社会と非常に密接な関係にある。そのような背景から，バイオフィルムの理解とともに，様々な分野でバイオフィルムの有効利用つまりバイオフィルムの制御が求められており，バイオフィルム研究が盛んになっている。バイオフィルムの解析技術は，生態学的手法から分子生物学的手法まで，"Methods in Enzymology" の3分冊において，フィールドのバイオフィルム採取技術から実験室環境培養解析技術まで幅広いバイオフィルム研究手法が網羅されており[2~4]，現在のバイオフィルム解析はそれに習ったものがほとんどである。本節では，その中から代表的な解析技術を中心に，新たな解析技術を紹介すると共に，今後の展望を解説する。

### 2.2　簡易的バイオフィルム定量のための解析手法

　微生物は，何かしらに付着しバイオフィルムを形成することが多い。例えば，金魚鉢の水槽でも手入れを怠ると金魚鉢の水との境界面の部分にヌルヌルができるが，これもバイオフィルムである。この現象を利用したのが，バイオフィルム解析で最も使われているマイクロタイタープレート法である。マイクロタイタープレートの各ウェルに培地と微生物を入れて静置培養し，界面の境界にできたヌルヌルを染色法などで定量する。多くの場合，好気性の運動性のある微生物は，界面の境界の基質にバイオフィルムを形成する（図1）。しかし，微生物の運動性や嫌気性などの性質，あるいは環境条件の設定によっては，底面あるいは凝集（ペリクル・フロック）など境界面以外の場所でバイオフィルムを形成する場合がある（図1）。

　一般的な手順を説明する。マイクロタイタープレートウェルに微生物細胞と培地を分注し，適宜静置培養し，ウェルの任意の場所に付着したバイオフィルムを定量する。定量するために，培養終了後，液体中に残った浮遊細胞は取り除き，ここでクリスタルバ

---

　＊　Nobuhiko Nomura　筑波大学　生命環境系　教授

第3章　バイオフィルムの有効利用

好気　　　　　　　　嫌気

 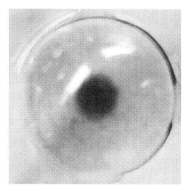

図1　染色後の96穴マイクロタイタープレートのウェルの写真
好気条件下で緑膿菌をバイオフィルム形成後，染色した後のウェルを真横から見た写真（左）。好気環境においては，気液界面にリング状のバイオフィルムが形成される。
嫌気条件下で緑膿菌をバイオフィルム形成後，染色した後のウェルを真下から見た写真（右）。嫌気環境においては，ウェルの底面にバイオフィルムが形成される。

　イオレットやサフラニンなどの染色溶液をウェルに分注し，バイオフィルムを染色し，その後，染色溶液を除去し，乾燥させるとバイオフィルムの観察が可能になる（図1）。それを定量する場合は，ウェルにエタノールを分注し，染色液を溶出させ，その濃度をマイクロプレートリーダーなどで読み取る事により，一度に各ウェルのバイオフィルム形成量を数値化することができる。ここで定量されるものは，使用した染色溶液に染まりかつ溶出されたものである。バイオフィルムは微生物細胞と細胞外マトリクスから構成される。通常，染色液によりバイオフィルム中の生細胞のみならず細胞外マトリクスや死細胞まで染まるので，定量された数値はバイオフィルムを構成する"生細胞のみでない"ことを注意しなければならない。
　バイオフィルムの形成は，①微生物細胞の固体表面への付着とマイクロコロニーの形成，②マイクロコロニーの成熟化，③バイオフィルムの脱離と再生，の各段階からなる[11]。マイクロタイタープレート法は回分培養であることから，このような各段階の変遷を経時的に追跡するには適さない。しかし，そのプロトコルが簡便なことと，様々な条件を同時に比較しやすい利点を持つことから，大変有用な手法である。例えば，各微生物におけるバイオフィルムに関わる因子・遺伝子の探索には，正負いずれの影響を与えるかを容易に知る事ができるため，本解析手法が世界で広く用いられている[5]。

203

## バイオフィルム制御に向けた構造と形成過程

微生物がバイオフィルムを形成すると，多くの場合，抗生物質耐性能が上昇する。そのような背景から，バイオフィルムにおける抗生物質耐性の評価においては，標準化された手法が望まれる。そのために，開発されたのがカルガリー・バイオフィルムデバイス法である（図2）[6]。この解析手法は，バイオフィルムへの抗生物質の影響を定量するものである。まず微生物をマイクロタイタープレート内で適宜液体培養し，次にプローブ（ペグ）をそのマイクロタイタープレートに浸すことで，プローブ（ペグ）にバイオフィルムを形成させる。そして，ペグに形成されたバイオフィルムを別に用意した抗生物質溶液に適当な時間浸した後，新鮮な培地が分注された別のマイクロタイタープレートに浸し，生育を定量することで判定する[7]。生育の定量には，OD測定あるいはATPなどの細胞活性・代謝を定量する手法が用いられている。

### 2.3 バイオフィルム構造の解析手法

バイオフィルム構造の解析は，nmオーダーでバイオフィルムの表面構造までの高解像度が必要な場合には電子顕微鏡が用いられている[8]。しかし近年では，生きたままバイオフィルムの連続観察を可能にする共焦点レーザー顕微鏡を用いた解析手法が広く使

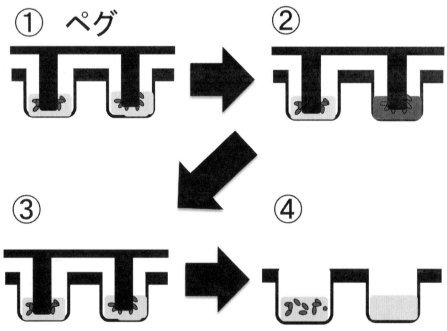

図2 カルガリー・バイオフィルムデバイス法
①ペグにバイオフィルム形成させる。②抗生物質入りウェルに①のペグを移し，適宜静置する。③回復用培地入り②のウェルにペグを移す。④生育の判定。

第3章　バイオフィルムの有効利用

われている[9]。電子顕微鏡法では，脱水処理などの試料の固定が必要であるのに対して，共焦点レーザー顕微鏡ではバイオフィルムを固定せずに，生きたままその立体構造を解析することが可能になる。この方法を用いることにより，バイオフィルムが環境条件などに応じて，マッシュルーム状の立体構造になる事や，バイオフィルム内部に水路状の構造空洞が存在する事などが明らかになった[10]。このように，共焦点レーザー顕微鏡を用いることで，バイオフィルム構造を詳細に解析できるようになり，バイオフィルムの立体構造とその機能に対する関係性が注目されている。また，バイオフィルムを構成する微生物局在を解析するために FISH (fluorescent *in situ* hybridization) と呼ばれる観察手法がよく用いられている。FISH は微生物種それぞれに特異的な蛍光プローブを用いることで，バイオフィルムの特定の微生物の局在を可視化する解析手法である[11]。このように，電子顕微鏡技術や FISH はバイオフィルムの構造解析において非常に有用であるが，これらの手法では観察資料を固定，つまり殺してしまうので，微生物細胞が生きた状態で，つまり経時的なバイオフィルム解析には適していない。

　そこで，GFP などの蛍光タンパク質を用いた共焦点レーザー走査型顕微鏡 (CLSM：confocal laser scanning microscope) によるバイオフィルムのライブイメージング解析が盛んに利用されるようになった。この手法を用いたバイオフィルムの形成過程の経時的な解析が盛んに行われ，バイオフィルムが付着，成熟，脱離のサイクルを持つ事などが明らかにされてきた。その解析手法において，微生物バイオフィルム培養システムとしてフローセル法が用いられている（図3）。フローセル法は，連続培養法の一種である[12]。一般的には図3に示すように市販のフローセルが多く用いられている。そのカバーガラス上に形成されたバイオフィルムを CLSM で経時的に解析することで，細胞の付着からバイオフィルム形成さらに脱離までが連続的に可視化できる。しかし，注意しないといけない点として，蛍光タンパクは酸素存在下で活性を有するため，嫌気条件下やバイオフィルム内の低酸素状況では蛍光が得られないことを知っておく必要がある。

　これらのフローセル法は，マイクロタイタープレート法のように多条件を比較する研究には適さないが，バイオフィルムの立体構造について経時的な解析を行う際には優れた手法である。

## 2.4　複合微生物系バイオフィルムの解析技術

　地球上のほとんどの微生物は様々な環境下でバイオフィルムを形成しており，尚かつそれらは複合の微生物からなっている。それらの各微生物は環境の変化によりその活性

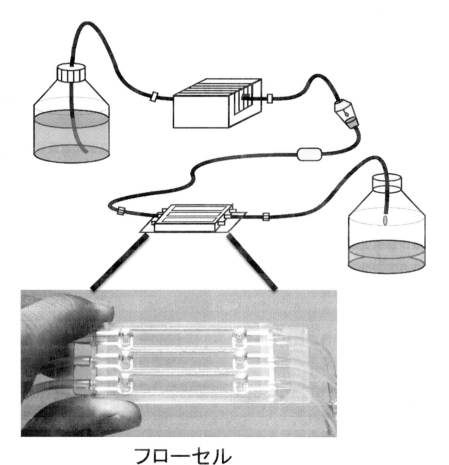

**フローセル**

図3 一般的なフローセル法用のセットアップ
STOVALL社製フローセルの写真。三連実験用に設計され，流路サイズは1×4×40 mm（H×W×L）。

あるいは局在が変化することで複合微生物からなるバイオフィルムは全体で環境適応していると考えられている。よって，様々な環境下におけるそれら複合微生物バイオフィルムの理解が重要である。しかし，複合微生物バイオフィルムについて経時的な構造解析を行うには，蛍光タンパク質に頼ったCLSMでは，複数の微生物種が含まれる複合微生物バイオフィルムでは，蛍光の種類あるいはその遺伝子導入などの観点から，実質的に不可能である。また，蛍光染色法などは，経時的な解析には不向きである。そこで，染色法や蛍光タンパク質に頼らずに，バイオフィルムを非破壊・非侵襲的に解析できる技術が開発された。それが共焦点反射顕微鏡法をベースとしたContinuous-optimizing confocal reflection microscopy（COCRM）である[13,14]。COCRMが蛍光タンパク質や染

# 第3章 バイオフィルムの有効利用

色剤を用いる従来の方法と大きく異なる点は，物体（微生物細胞や付着基質）からの反射光をシグナルとして利用する点である。よって，蛍光に依存しない観察が可能となり，微生物の遺伝子形質転換や破壊・侵襲的な染色処理を経ずに，微生物1細胞から複合微生物バイオフィルムの立体構造を可視化できるようになった（図4）。さらに，共焦点法なので，バイオフィルムの内部まで解析できるため画像解析により，複合微生物バイオフィルムの体積を定量する事も可能である。反射光を利用したCOCRMの大きな特徴は，複合微生物バイオフィルムおよびその付着基質を含めた非破壊的に経時解析を可能にするところである。実際にCOCRMを用いた口腔バイオフィルムの立体構造観察を行い，その形成過程について付着基質を含めた経時的解析を非破壊的に可視化および定量する事に成功している[15]。口腔バイオフィルムは様々な微生物種によって構成される複合微生物バイオフィルムであるが，COCRMはそのようなバイオフィルムについても簡単に可視化することができる解析技術であり，今後益々利用されるであろう。

　複合微生物バイオフィルムの構造解析にはCOCRMは有効な手法である。COCRMで使用する共焦点反射顕微鏡は，共焦点レーザー顕微鏡に反射用のフィルターなどを装着したものである。よって，COCRMは通常の共焦点レーザー顕微鏡で用いる蛍光染色法や蛍光タンパク質を用いたCLSMと併せて解析することが可能である。例えば，COCRMと蛍光試薬による蛍光観察を同時に行う事でバイオフィルム内への物質輸送

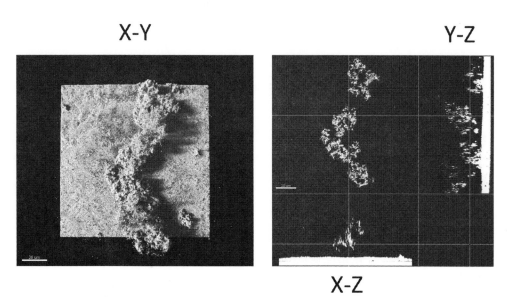

図4　COCRMによる緑膿菌バイオフィルムの3次元投影画像（左），右側はオルソ画像

*207*

の可視化が可能になる[16]。もちろん，蛍光タンパク質を用いた解析手法とも併せて利用することができるため，バイオフィルム全体の立体構造をCOCRMで，その中の目的の微生物あるいは遺伝子発現を蛍光タンパク質でそれらの局在の経時的解析が可能になる。

## 2.5　バイオフィルム研究技術の将来展望

　バイオフィルムの代謝を調べる解析手法は，代謝物を直接測定する手法が用いられている。水溶性の代謝産物は，フローアッセイを用いた連続培養においても比較的簡易に非破壊的な解析を行う事ができる[17]。しかしながら，ガス状代謝産物は，ガス捕集のため気密性が保たれた回分培養で行われる[18]。よって，バイオフィルムの立体構造解析とガス状代謝産物の解析を非破壊的かつ同時に解析することは困難であった。そこで，バイオフィルムから発生するガス状代謝産物の分析を可能にした気密性フローリアクター"Airtight Flow reactor for nondestructive Gaseous metabolite Analysis and Structure visualization"（AFGAS）が開発された[13]。AFGAS法ではガス状代謝産物と水溶性代謝産物の解析が可能となる。AFGAS法とCOCRMを用いることで，嫌気条件下での緑膿菌バイオフィルム形成は，ガス代謝とバイオフィルム立体構造が密に関与することが示された[13]。その結果，嫌気条件下での緑膿菌バイオフィルム形成は，ガス代謝とバイオフィルム立体構造が密に関与することが示された。また，他の非破壊的解析手法として，ラマン分光法や赤外分光法（FTIR）などの分光学的手法を用いたバイオフィルム内部の代謝産物分布の報告がある[19,20]。

　環境中では，微生物は様々な物質上にバイオフィルムを形成している。しかし，バイオフィルム研究の多くは，フローセル法のようにガラス面上など限られた基質上で解析されたものである。実環境中のバイオフィルムを理解するためには，実際の基質を用いたバイオフィルム研究が不可欠である。そこで，実際の基質表面に装着可能なデバイスが開発され，様々な基質上でのバイオフィルム解析が可能になっている[21]。この様に，顕微鏡解析技術とその他の解析技術を融合させることでバイオフィルム研究に大きな進展が期待される。

　バイオフィルムの解析は技術開発が密接に関係している。しかし，300年以上の歴史を持つ微生物研究の歴史と比べて，バイオフィルム研究が本格化してから未だ30年程度しか経っていない（17世紀にLeeuwenhoekが付着状態の微生物細胞を観察したという記録はある[2]）。今後も，技術革新とともにバイオフィルムの理解，そしてその理解により新たなバイオフィルム制御つまり微生物制御が発展することを期待する。

第3章　バイオフィルムの有効利用

## 文　　　献

1) P. Stoodley *et al.*, *Annu. Rev. Microbiol.*, **56**, 187 (2002)
2) R. M. Donlan *et al.*, *Clin. Microbiol. Rev.*, **15**, 167 (2002)
3) R. J. Doyle, *Methods Enzymol.*, **310**, 1 (1999)
4) R. J. Doyle, *Methods Enzymol.*, **336**, 1 (2001)
5) G. A. O'Toole *et al.*, *Mol. Microbiol.*, **28**, 229 (1998)
6) H. Ceri *et al.*, *J. Clin. Microbiol.*, **37**, 1771 (1999)
7) T. R. De Kievit *et al.*, *Antimicrob. Agents Chemother.*, **45**, 1761 (2001)
8) J. W. Costerton *et al.*, *Annu. Rev. Microbiol.*, **41**, 435 (1987)
9) J. R. Lawrence *et al.*, *J. Bacteriol.*, **173**, 6558 (1991)
10) J. W. Costerton *et al.*, *Annu. Rev. Microbiol.*, **49**, 711 (1995)
11) S. Okabe *et al.*, *Appl. Environ. Microbiol.*, **65**, 3182 (1999)
12) D. R. Korber *et al.*, *Microb. Ecol.*, **18**, 1 (1989)
13) Y. Yawata *et al.*, *Appl. Environ. Microbiol.*, **74**, 5429 (2008)
14) Y. Yawata *et al.*, *J. Biosci. Bioeng.*, **110**, 377 (2010)
15) T. Inaba *et al.*, *Microbiol. Immunol.*, **57**, 589 (2013)
16) Y. Yawata *et al.*, *Microbes Environ.*, **25**, 49 (2010)
17) Y. Zhu *et al.*, *Infect. Immun.*, **75**, 4219 (2007)
18) M. Yamamoto *et al.*, *Microbes Environ.*, **20**, 11 (2005)
19) H. N. N. Venkata *et al.*, *J. Raman Spectrosc.*, **42**, 1913 (2011)
20) D. E. Nivens *et al.*, *J. Bacteriol.*, **183**, 1047 (2001)
21) T. Kiyokawa *et al.*, *Microbes Environ.*, **32**, 88 (2017)